中等职业教育课程改革"十二五"规划教材

建筑工程安全生产管理

主　编　李　林

副主编　申　颖　梁战枝

编　者　李　林　申　颖　梁战枝

　　　　李　霄　姚　兰

西北工业大学 出版社

NORTHWESTERN POLYTECHNICAL UNIVERSITY PRESS

【内容简介】 本书为高职或中职院校建筑工程技术等专业的教材。全书共分 5 个项目,主要介绍建筑工程企业安全生产管理、建筑工程现场安全管理、建筑工程现场文明施工管理和现代安全生产管理等内容。为方便教学每个单元都有案例引入,教材最后附有能力训练题,以便进行有效地理解、总结和复习。

编写中注意了理论与实际的结合,以及高职和中职的教学特点。本书除供房屋建筑工程专业的学生使用外,还可供相关专业和学校,以及从事工程建设的工程技术人员使用和参考。

图书在版编目(CIP)数据

建筑工程安全生产管理/李林主编. —西安:西北工业大学出版社,2013.1
ISBN 978-7-5612-3593-5

Ⅰ.①建… Ⅱ.①李… Ⅲ.①建筑工程—工程施工—安全生产—生产管理—中等专业学校—教材 Ⅳ.①TU714

中国版本图书馆 CIP 数据核字(2013)第 030152 号

出版发行:西北工业大学出版社
通信地址:西安市友谊西路 127 号   邮政编码:710072
电　　话:(029)88493844　88491757
网　　址:www.nwpup.com
印　刷　者:河南永成彩色印刷有限公司
开　　本:787 mm×1 092 mm　1/16
印　　张:10
字　　数:236 千字
版　　次:2013 年 2 月第 1 版　　2013 年 2 月第 1 次印刷
定　　价:26.00 元

前　言

本书通过对我国建筑业安全形势现状的分析，找出了存在问题的原因，指出了解决这一问题的对策。阐述了我国安全生产的指导思想、奋斗目标和基本方针，特别是"安全第一、预防为主、综合治理"这一基本方针，将贯穿整本书的始终，是本书的一条主线。希望读者在学习时，能够深刻地去体会和理解。安全生产管理实际就是依法管理，明确安全生产的法律体系，掌握其相关内容，将有利于以后相关内容的学习，特别是有利于在工程实际中具体解决建筑工程与管理中的安全问题。为此，本书详细叙述了安全生产的法律体系，并具体介绍了与建筑工程安全生产相关的法律、法规的规定。

通过本书的叙述，讲明了我国建筑工程安全管理的管理体系，即从行政主管部门的安全监管，到建设单位、勘察及设计单位、工程单位、监理单位及相关单位安全管理；系统地阐述了建筑工程安全管理的基本制度，详细地介绍了建筑工程相关各方责任主体的安全责任。

建筑工程安全管理最终还是立足于建筑工程现场，工程现场的安全管理是整个行业安全管理的重点所在。所以，工程现场安全管理也是本书的重点和难点。建筑工程现场安全管理是一项系统的管理，涉及的内容较多，要求也更为具体。其管理内容主要包括建筑工程企业相关部门和人员的安全生产责任制、建筑工程现场安全生产的基本要求、安全技术措施的制定和审核、应急救援预案、现场安全检查、事故管理、安全教育和安全技术资料等管理内容。本书对这些内容和要求均作了较为详细的阐述。

随着经济的发展，人们不仅要求有富余的生活，还把环境保护、精神文明的发展和建设看得更为重要。建筑工程现场文明施工的管理和创建文明施工工地也是我国建筑工程企业的一项管理目标。本书对这一内容也作了较为细致的说明。

现代安全生产管理是目前安全生产管理的发展趋势，本书简要地介绍了现代安全生产管理的发展历史、方法及特点、基本原理，安全管理体系的认证以及绿色施工的理念等内容。

本书由李林任主编，负责统稿，申颖、梁战枝任副主编。具体分工如下：项目一由李霄编写，项目二由梁战枝编写，项目三由李林编写，项目四由申颖编写，项目五由姚兰编写。

本书由河南省电力勘测设计院娄金旗主审,在此表示感谢。

由于时间紧迫,难免存在不足之处,请读者指正。

编　者

2012 年 12 月

目　录

项目一 建筑工程安全生产管理的基础知识

项目介绍

⊙介绍安全与安全生产;

⊙介绍我国建筑工程安全生产的形势;

⊙介绍安全生产的指导思想、发展思路、奋斗目标和基本方针;

⊙介绍安全生产法律体系和相关内容。

项目目标

⊙了解安全与安全生产;

⊙了解我国建筑工程安全生产的形势;

⊙熟悉安全生产的指导思想、发展思路、奋斗目标和基本方针;

⊙掌握安全生产法律体系和相关内容。

案例导入

2002年深圳市某电厂一续建工程由某建筑公司承建,该工程为钢结构,钢屋架跨度27 m,间距9 m,南北长63 m,共7个节间,屋架上弦高度为33.2 m。屋架上部为型钢檩条,檩条上铺设钢板瓦,每块钢板瓦的尺寸为9 800 mm×830 mm,质量为92 kg。钢板瓦按长度平行屋架跨度沿南北方向铺设,第1块板铺设后,用螺丝与檩条进行固定再铺第2块。事发前已完成第1节间的屋面板铺设工作。2月20日铺设第2节间屋面板,当边沿的第1块板铺完后,没有进行固定就进行第2块板的铺设,为图省事,工人又将第2块和第3块板咬合在一起同时铺设,但因两块板不仅面积大,而且质量增加,操作不便。于是,5名工人在钢檩条上用力推移,由于上面操作人员未挂牢安全带,下面也未设安全网,推移中3名作业人员从屋面坠落而死亡。

案例分析

通过对以上事故的情况了解,该工程施工中,有以下不符合安全要求之处:

(1)管理方面。施工单位编制的施工组织设计未经审批程序,以至于安全防护过于简单。按照高处作业的相关规定,作业人员不能站在屋架上弦作业,必须站在搭设的操作平台上操作;人员操作不允许在屋架上行走,要求在屋架下弦处张挂安全网等。另外,屋面板吊装作业属特种作业人员,该工程雇用的劳务工人未经过培训,更未取得特种作业证,因而违章操作,导致事故发生。

(2)技术方面。作业人员在没有稳固的主要条件下,且又一次铺设两块板,增加了作业难度;屋架上弦处仅拉了一条 $\phi 25$ 的白棕绳作为安全绳,而作业工人又没有将安全带系牢在安全绳上,因而失去了唯一的安全保障;未按要求张挂安全平网。

(3)事故结论。该事故属于责任事故。

想一想 假设操作工人懂得安全生产的权利和义务,现场管理人员懂得高处作业的安全技术和管理要求,结果又会如何?

相关知识

安全生产是建设工程行业永恒的主题,是实现建筑工程企业可持续、健康、稳定发展的前提条件,也是政治稳定、构建和谐社会和维护广大行业职工家庭幸福安康的必要保证。美满家庭需要安全的生活,和谐社会更需要安全的环境。

任务1　了解安全与安全生产

一、安全

"安全"原意为没有危险、不受威胁、不出事故。从这个意义上讲,安全所表征的是一种环境、状态或一定的物质形态。目前建设工程中所讲的"安全"还包涵有一种能力的含义,即包括对健康、生命、卫生、财产、资源和环境等维护和控制的能力。总之,安全是指不发生财产损失、人身伤害和对健康及环境造成危害的一种形态,安全的实质是防止事故发生,消除导致伤害、各种财产损失、职业和环境危害发生的条件。

与安全相对应的是"危险",所谓危险,是指人和物易于受到伤害或损害的一种状态。能导致危险发生的原因是危险因素。危险未得到控制而造成人员死亡、伤害、职业危害、财产损失或其他损失的意外后果就是安全事故。

二、安全生产

"安全生产"则有狭义和广义之分。狭义的"安全生产"是指消除或控制生产过程中的危险和有害因素,保障人身安全健康、设备完好无损、避免财产损失,并使生产顺利进行的生产活动;而广义的"安全生产"是指除对直接生产过程中的危险因素进行控制外,还包括对职业健康、劳动保护和环境保护等方面的控制。

一般意义上讲,"安全生产"是指在社会生产活动中,通过人、机、物料、环境的和谐运作,使生产过程中各种潜在的伤害因素和事故风险始终处于有效的控制状态,切实保护劳动者的生命安全和身体健康以及避免财产损失和环境危害的一项活动。《中国大百科全书》对安全生产的定义是,"旨在保障劳动者在生产过程中的安全的一项方针,企业管理必须遵循的一项原则"。由此可见,安全生产工作就是为了达到安全生产目标而进行的系统性管理活动,它由源头管理、过程控制、应急救援、安全教育和事故查处 5 个组成部分构成,既包括了生产主体(建筑工程企业)对事故风险和伤害因素所进行的识别、评价和控制,也包括了政府相关部门的监督管理、事故处理以及安全生产法制建设、科学研究、宣教培训、工伤保险等方面的活动。

安全生产管理是指建设行政主管部门、建设工程安全监督机构、建筑工程企业、监理单位及相关单位对建设工程生产经营过程中的安全,进行计划、组织、指挥、控制、协调等一系列的管理活动。

任务 2　了解我国建筑工程安全生产的形势

一、我国建筑工程安全生产的现状

我国现有建筑职工 4 000 万人左右,约占全世界建筑业从业人数的 25%,是世界上最大的行业劳动群体,但他们的劳动环境和安全状况存在较严重的问题。由于行业特点、工人素质、管理难度等因素,以及文化观念、社会发展水平等社会现实的影响,建筑工程安全形势依然严峻,建筑业已成为我国所有行业中仅次于采矿业的最危险行业。

目前我国正进行着历史上最大规模的基本建设,而建筑安全事故的发生仍是屡见不鲜的。据统计,1994—2004 年,我国因建筑工程安全事故死亡 15 128 人,每年平均死亡 1 375 人。以 2004 年为例,全国共发生建筑工程事故 1 086 起,死亡 1 264 人,其中一次死亡 3 人以上重大事故 42 起,死亡 175 人。伤亡事故类别主要是高处坠落、施工坍塌、物体打击、机械伤害(含机具伤害和起重伤害)和触电等事故。其中高处坠落占事故率的 44.8%、触电占 16.6%、物体打击占 12%、机械伤害占 7.2%、坍塌事故占 6%,这五类安全事故占事故总数的 86.6%。

建筑工程安全事故不仅造成大量的人员伤亡,而且还带来巨大的经济损失。据英国健康与安全执行局研究统计,建筑工程现场因安全事故与职业健康损害造成的损失,包括工期延误、旷工和保险费用等经济损失,占项目成本的 8.5%;美国斯坦福大学土木工程系的研究分析,1993 年全美建筑安全事故损失为 260 亿美元,占建筑工程总成本的 6.5%;在我国香港,建筑安全事故损失约占建筑工程总成本的 8.5%;我国大陆地区虽然没有正式的统计数据,但根据我国建筑安全生产管理的现状,安全事故损失占工程总成本的比例应该不会低于上述数据。近年来,随着各级政府对建筑安全生产工作的重视和监管力度加大,以及各相关单位的积极努力,全国的建筑工程安全生产状况有所好转,死亡人数基本呈下降趋势,但安全生产的整体形势不容乐观。

二、建设工程安全生产形势严峻的原因

目前,我国安全形势依然较为严峻,主要有以下原因影响和制约着建筑工程安全生产技术和管理水平的提高。

(一)法律、法规方面

安全生产必须依法管理,这是不争的事实。据统计,我国自建国以来颁布并实施的有关安全生产、劳动保护等方面的主要法规约 280 余项,内容包括综合类、安全生产卫生类、伤亡事故类、职业培训考核类、特种设备类、防护用品类及检测检验类等。其中,以法的形式出现、对建

设工程安全生产和劳动保护具有十分重要作用的有《中华人民共和国劳动法》(1994年实施)、《中华人民共和国建筑法》(1998年实施)、《中华人民共和国安全生产法》(2002年实施)以及2004年施行的《建设工程安全生产管理条例》等,这些法规无疑对规范我国建筑市场,加强我国建设工程安全生产起到积极的作用。

但必须承认的是,随着社会的发展,这些法规已暴露出不少缺陷和问题。与发达国家相比主要存在:建筑安全的法律法规可操作性差;法律法规体系不健全,部分法律法规之间还存在着重复和交叉等问题。

(二)政府监管方面

政府对目前建筑业安全生产的监督管理基本上还停留在突击性的安全生产大检查和事后的安全事故处理的监管上,缺少日常具体而有针对性的监督管理制度和措施,监管体系不够完善,资源投入缺口较大,监督力度不够,且手段落后,不能适应目前市场经济的发展需求。

(三)人员素质方面

建筑业是劳动密集型产业,它吸纳大量的农村劳动力。目前,建筑业吸纳农村富余劳动力已超过3 000万人,占行业总人数的80%以上,占农村富余劳动力进城务工人数的近1/3。建设行业整体素质低下主要体现在:一是这些农民工安全防护意识和操作技能低下,而职业技能的培训却远远不够。据有关方面统计,整个行业的农民工中,初中以下文化水平的占70%以上,农民工经过培训而取得职业技能岗位证书的仅有70余万人。二是全行业技术、管理人员偏少。技术和管理人员占行业人数的10%左右,远远满足不了建筑工程管理的要求。三是专职安全管理人员更少,且素质较低,远达不到现代建筑工程安全管理的需求。

(四)安全技术方面

我国建筑业安全生产技术相对落后。近年来,科学技术含量高、施工难度大和危险性大的工程逐渐增多,这无疑给建筑工程安全生产的技术和管理提出了新的课题和新的挑战。例如,国家大剧院、中央电视台新址、奥运会场馆等工程,都对安全生产提出了更高的要求。但整个行业的安全技术水平还相对较低,缺乏科学而又先进的安全机具和设施,远远满足不了当今建筑工程安全生产的需要。

(五)企业安全管理方面

改革开放以来,随着城市化建设规模的加大,以及新农村建设的深入,各类非国有建筑企业大量增加,企业总量、就业量、各类机具以及农民工等大量增加,而这其中大部分建筑企业安全生产管理水平较低,在安全管理方面存在相当大的缺陷。加之施工企业安全投入的严重不足,安全文化基础薄弱,企业违背客观规律,一味强调施工进度和经济效益,轻视安全生产,蛮干、乱干、赶进度,在侥幸中求安全等现象普遍存在。甚至一些施工企业的员工,把安全事故的发生归属于神、鬼等所谓的天命,靠鬼神保障安全生产。再加之市场经济的冲击,一些企业过分注重经济利益,忽视自身安全,对企业的安全管理有章不循、违章指挥、违章操作、管理不严,给安全生产带来更大的隐患。

(六)安全教育方面

在目前我国中职和高职的建设类院校中,与建筑安全生产有关的技术教育和安全管理的学科很少,课时也极少,且师资缺乏。建筑企业的三级安全教育执行情况较差,广大行业员工受到的安全培训和教育非常少。加之社会的安全教育培训力度不够,安全生产还仅仅是表现在口头。虽然人人都知道安全生产的重要性,也想搞好安全生产,但安全生产技术和管理的教育跟不上,安全生产就必然缺乏根本的支撑。没有安全保障的质量、没有安全为前提的进度和效益,就不是我们所要的工程项目建设。

(七)个人防护方面

目前,建筑业的个人安全防护装备比较落后,质量低劣,且配备严重不足。几乎很少有工地配备安全鞋、安全眼镜、防震手套和耳塞等安全防护用品。甚至一些企业的基本安全防护用品,如安全帽、安全带和安全网的质量低劣,根本达不到安全防护的要求,安全设施形同摆设。

(八)建筑安全危险预测和评估

预防建筑工程生产中的安全事故,是实现建筑工程安全生产的基本保障,实现安全生产的首要任务是加强防范和控制,即重点是事前控制。目前,许多施工企业缺乏安全危险源的识别、预测和安全评估机制。中介机构在这些方面的服务也很不到位。

(九)"诚信制度"和"意外伤害保险制度"建设

按照市场经济的客观规律,运用市场信用杠杆,建立健全完善的保险市场,是安全生产管理的又一重要手段。目前,我国建筑业的"诚信制度"和"意外伤害保险制度"建设与发达国家差距很大,企业安全生产信誉与市场准入制度的严重脱节,意外伤害保险开展缓慢,已纳入保险的工程项目较少,不适应当今市场经济的客观要求。

三、加强建筑业安全生产的对策

针对建筑业安全生产的现状和影响因素,为实现我国建筑业的安全生产,应采取以下对策。

(一)加强安全生产法制建设,实施依法治理安全生产

一是必须严刑厉法,重点治乱;二是必须在法律的贯彻执行上从重从严;三是必须建立联合执法机制,提高执法效率;四是必须健全安全生产法律法规体系,包括安全技术标准体系。

(二)严格贯彻执行安全生产方针

严格贯彻执行"安全第一、预防为主、综合治理"的方针,治理隐患、防范事故,标本兼治、重在治本。

(三)切实落实两个主体和两个责任制,并纳入政绩和业绩考核

两个主体是指政府是安全生产的监管主体,企业是安全生产的责任主体。两个责任制是指安全生产工作必须建立、落实政府行政监管负责制和企业法定代表人负责制。

(四)实施科技兴安战略

用科技创新引领和支撑安全生产发展,一是提高安全生产的技术水平和科技含量,采用先进的安全防护措施;二是提高安全生产的管理水平,强化安全生产的科学管理,加强事前控制,建立完善的安全防范体系。

(五)强化经济政策导向作用,增加安全生产投入

加大安全生产的人力、物力、资金、技术等方面的投入力度,使安全生产有足够的物质保障,把安全生产落到实处。

(六)加强安全文化建设,提高行业职工安全素质

教育是实现安全生产的根本保障,只有不断加强全体行业员工的安全教育和培训,提高行业员工的安全技能和自身素质,才是实现安全生产的根本所在。

(七)加强社会监督

安全生产已经不仅仅是涉及某人或企业自身的问题,它是关系到整个社会和民族利益的大事。实现建筑行业的安全生产仅依靠政府的监管和企业的自身管理是远远不够的,必须动员社会的所有力量参与其中,形成"安全生产,人人有责"的监督管理局面。

任务 3　熟悉安全生产的指导思想、发展思路、奋斗目标和基本方针

一、我国安全生产的指导思想、发展思路和奋斗目标

"十一五"期间是我国社会经济发展中十分关键的重要战略机遇期,充分依靠科技创新和科技进步建立安全生产的长效机制,全面提升我国安全生产水平,实现安全发展,是构建社会主义和谐社会的必然要求。

国家安全生产监督管理总局按照安全生产和科技发展的客观规律,对安全生产科技发展作出了战略性的部署,并组织编制了《"十一五"安全生产科技发展规划》。该规划作为"十一五"时期安全生产科技工作的指导性文件,主要包括现状与问题、指导思想、发展思路和目标、主要任务、保障条件和措施、附件等 6 个部分。在客观分析了我国安全生产面临的形势,安全生产科技现状及安全科技存在问题的基础上,明确了安全生产科技的需求。提出了"十一五"安全生产科技发展的指导思想、发展思路和目标。

(一)指导思想

以邓小平理论和"三个代表"重要思想为指导,落实"安全发展"的指导原则,贯彻"自主创新、重点跨越、支撑发展、引领未来"的科技发展方针,坚持"安全第一、预防为主、综合治理"的安全生产方针,实施"科技兴安"战略,整合安全生产科技资源,构建安全生产科技创新、技术研发与成果转化体系,全面提升安全生产科技水平,为"十一五"规划目标的实现提供强有力的科技支撑。

(二)发展思路

树立创新观念,以增强安全生产科技自主创新能力为核心,以安全生产理论研究为基础,开展共性、关键性安全科技攻关;以企业为主体,加强先进、适用技术的推广应用,实施安全生产科技示范工程,推进安全理论创新、安全技术创新、安全监管监察手段创新,以科技支撑引领安全生产发展。

(三)发展目标

到 2010 年,初步完善安全生产科技支撑保障体系,形成有利于安全生产科技创新的机制和安全生产科技人才的培养体制,全面提升安全生产及其监管监察的科技水平,为安全生产状况进一步好转提供科技保障。具体目标如下:

(1)初步形成安全生产理论体系框架,在安全生产基础理论、事故、灾害发生机理等 8 个方面有所突破。

(2)开展 60 项重大安全生产科技攻关,在煤矿等重大事故隐患治理、灾害与事故防治、重大危险源监测预警、应急救援、事故调查分析技术、安全管理技术等方面取得一批重大成果。

(3)推广 100 项先进、适用技术,建立 8 项安全生产技术示范工程,提升企业安全生产技术水平。

(4)促进安全生产科技产业化的发展,使安全技术装备和安全防护用品产业基本满足国内安全生产的需要。

(5)初步建成6类安全生产科技支撑平台,形成以企业为主体,科研机构、高等院校、中介服务机构和政府部门联动的安全生产科技创新体系。

(6)基本形成较完整的安全生产技术标准体系,在安全技术标准的种类、数量、技术水平等方面取得重大的进步。

在《"十一五"安全生产科技发展规划》的主要任务中,提出了创新安全生产理论,开展事故隐患治理关键技术研究,开展重要安全科技攻关,做好科技示范和推广应用,构建安全生产技术标准体系,开展应急救援技术与装备研发共6项主要任务。制定了整合安全生产科技资源,加大安全生产科技投入,加强安全生产科技创新人才培养,建立安全生产科技激励机制,广泛开展国际合作与交流,加强安全生产科技工作的领导与协调共五项保障条件和措施。

《"十一五"安全生产科技发展规划》明确了安全生产科技领域8大基础理论研究重点领域,60个优先发展研究方向,100项重点推广技术,8项安全技术示范工程,6类安全生产科技支撑平台等具体实施项目。

《"十一五"安全生产科技发展规划》的颁布,将对各级安全生产监督管理部门加强安全生产科技工作的领导,加强安全生产科技发展战略研究和前瞻性技术研究方面起到积极指导和促进作用。

二、安全生产的基本方针

历年来,党中央及各级政府部门都非常重视安全生产工作。"安全第一、预防为主"是早在1985年就列为我国安全生产的基本方针。2002年,《中华人民共和国安全生产法》(以下简称《安全生产法》)在总结我国安全生产管理实践经验的基础上,再次明确了我国安全生产的基本方针是"安全第一、预防为主"。经过这几年的贯彻实施,目前又提出了"安全第一、预防为主、综合治理"是我国安全生产管理的基本方针。

安全第一,保护广大员工的生命安全与健康,不仅是企业的责任和任务,也是保障生产顺利进行,实现企业可持续发展和经济效益的基本条件,是企业各项工作的根基所在。企业只有实现安全生产,才能减少发生事故带来的信誉损失、经济损失和由此产生的负面效应;只有实现安全生产,广大员工才有安全感,才能增强企业凝聚力,提高企业的信誉,也才可以最终获取经济效益和社会效益。安全已经成为涉及国家形象、民族形象以及企业形象的重要因素。

危险是绝对的,安全是相对的,生产活动中客观上存在各种不安全因素,既有人的不安全行为,也有物的不安全状态和管理上的缺陷,只有设法预先加以消除,才能最大限度地实现安全生产,相应地,预防事故发生应该是安全工作的根基所在。

随着我国经济的高速发展,安全生产越来越受到社会各界的广泛关注。国家"十一五"发展规划首次提出了"安全发展"的理念,第一次把加强公共安全建设,提高安全生产水平设置为单独的章节,进一步明确了安全生产必须贯彻"安全第一、预防为主、综合治理"方针,治理隐患、防范事故、标本兼治、重在治本的安全生产工作原则。这是一个重大的突破,说明安全生产越来越受到党和国家的重视。

把"综合治理"充实到安全生产方针当中,始于党的十六届五中全会上《中共中央关于制定国民经济和社会发展第十一个五年规划的建议》,并在胡锦涛总书记、温家宝总理的讲话中进一步明确的。这一发展和完善,更好地反映了安全生产工作的规律和特点。综合运用经济手段、法律手段和必要的行政手段,从发展规划、行业管理、安全投入、科技进步、经济政策、教育培训、安全立法、激励约束、企业管理、监管体制、社会监督以及追究事故责任、查处违法违纪等方面着手,解决影响制约安全生产的历史性、深层次问题,建立安全生产的长效机制。

结合一些学者的观点,"综合治理"应当包括以下含义:

(一)政府监管与指导

国家安全生产综合监管和专项监察相结合,各级安全监督职能部门合理分工、相互协调,实施"监管—协调—服务"三位一体的行政执法系统。

(二)企业负责与保障

企业全面落实生产过程安全保障的事故防范机制,严格遵守《安全生产法》等安全生产法律法规要求,切实落实安全生产保障制度。

(三)员工权益与自律

员工权益与自律,即从业人员依法获得安全与健康的权益保障,同时实现生产过程安全作业的自我约束机制。即所谓"劳动者遵规守纪",要求劳动者在劳动过程中,必须严格遵守安全操作规程,珍惜生命,爱护自己,勿忘安全,广泛深入地开展不伤害自己、不伤害他人、不被他人伤害的"三不伤害"活动,自觉做到遵规守纪,确保安全。

(四)社会监督与参与

形成工会、媒体、社区和公民广泛参与安全生产监督的社会监督机制。把安全生产放入社会的各个部门和全体人员的监管之下,形成安全生产,人人有责的社会局面。

(五)中介支持与服务

与市场经济体制相适应,建立国家认证、社会咨询、第三方审核、技术服务、安全评价等功能的中介支持与服务机制,使安全生产获得强有力的技术和信息支撑。

拓展视域

如何保证安全生产管理基本方针的贯彻落实

1. 制定和完善有关保证安全生产的法律、法规和规章制度,从制度层面上保证"安全第一、预防为主、综合治理"方针的落实,这是更带有根本性、长期性的事情。

2. 各级政府领导对"安全第一、预防为主、综合治理"的方针必须要有足够的认识,抓经济工作必须抓安全,部署、检查、总结经济工作必须对安全生产管理工作进行部署、检查和总结;在衡量、评价一个地方、一个企业工作时,要把其保证安全生产的情况作为重要内容;正确处理经济发展与保证生产安全的关系,把保证生产安全放在首位。

3. 企事业单位必须正确处理保证安全与追求效率、效益的关系。在安全与效率、效益发生矛盾时,把安全放在首位。特别是在对企业各项生产要素的分配上,首先应当满足安全生产的基本需要。要保证安全生产的资金投入,各项设备、设施都要符合保证安全生产的要求,发现事故隐患必须及时排除,该停产的就要停产。

4. 每个从业人员都要牢固树立"安全第一、预防为主、综合治理"的意识,严格执行各自工作岗位的安全生产制度,对危及安全的违章指挥应拒绝执行。

任务4 掌握安全生产法律体系和相关内容

安全生产管理的实质就是依法管理，落实安全管理也必须有完善的法律、法规体系作为保障，这也是科学发展观在安全生产方面的具体体现。

一、安全生产法律体系

安全生产法律体系是一个包含多种法律形式和法律层次的综合性系统，从法律规范的形式和特点来讲，既包括作为整个安全生产法律法规基础的宪法，也包括行政法规、技术性法规、程序性法规等。按地位及效力同等原则，安全生产法律体系分为以下7个类别：

（一）宪法

《中华人民共和国宪法》是由我国最高权力机关——全国人民代表大会——制定的法律，是安全生产法律体系中的最高层次，"加强劳动保护，改善劳动条件"是《宪法》对安全生产方面最高法律效力的规定。

（二）安全生产方面的法律

1.基础法

我国有关安全生产的基础法律包括《安全生产法》和与其平行的专门法律和相关法律。《安全生产法》是综合规范安全生产法律制度的法律，它适用于我国所有的生产经营单位，是我国安全生产法律体系的核心。

2.专门法律

安全生产专门法律是指规范某一专业领域安全生产法律制度的法律。我国在专业领域的安全生产法律有《中华人民共和国矿山安全法》《中华人民共和国海上交通安全法》《中华人民共和国消防法》《中华人民共和国道路交通安全法》等。

3.相关法律

与安全生产相关的法律是指安全生产基础法律和专门法律以外的其他法律中涵盖安全生产内容的法律，如《中华人民共和国劳动法》《中华人民共和国建筑法》《中华人民共和国煤炭法》《中华人民共和国铁路法》《中华人民共和国民用航空法》《中华人民共和国工会法》《中华人民共和国全民所有制企业法》《中华人民共和国乡镇企业法》《中华人民共和国矿产资源法》等。还有一些与安全生产监督执法工作有关的法律，如《中华人民共和国刑法》《中华人民共和国刑事诉讼法》《中华人民共和国行政处罚法》《中华人民共和国行政复议法》《中华人民共和国国家赔偿法》和《中华人民共和国标准化法》等。

（三）安全生产行政法规

安全生产行政法规是指由国务院组织制定并批准公布的，为实施安全生产法律或规范安全生产监督管理制度，而制定并颁布的一系列具体规定，是实施安全生产监督、管理和监察工作的重要依据。我国已经颁布了多部安全生产的行政法规，如《建设工程安全生产管理条例》《国务院关于特大安全事故行政责任追究的规定》等。

（四）地方性安全生产法规

地方性安全生产法规是指由省、自治区、直辖市以及省、自治区人民政府所在地的市和经国务院批准的较大的市的人民代表大会及其常委会,在其法定权限内制定的安全方面的法律规范性文件,如目前我国有27个省、自治区和直辖市人民代表大会制定了《劳动保护条例》或《劳动安全卫生条例》等。

(五)安全生产行政规章

安全生产行政规章是指由国家行政机关制定的在安全生产方面的法律规范性文件,包括部门规章和地方政府规章。

部门规章是由国务院相关部委制定的安全生产的法律规范性文件。从行业角度可划分为建筑业、交通运输业、化学工业、石油工业、机械工业、建材工业、电子工业、冶金工业、航空航天业、船舶工业、轻纺工业、煤炭工业、地质勘探业、安全评价与竣工验收、劳动保护用品、培训教育、事故调查与处理、职业危害、特种设备、防火防爆和其他部门等。部门安全生产规章和地方性政府安全生产规章作为安全生产法律法规的重要补充,在我国安全生产监督管理工作中起着十分重要的作用。例如,建设部2004年2月3日发布的《房屋建筑和市政基础设施工程分包管理办法》、2004年7月5日发布的《建筑施工企业安全生产许可证管理规定》,以及国家监察部和国家安全生产总局2006年11月22日发布的《安全生产领域违法违纪行为政纪处分暂行规定》等。部门规章的效力低于法律和行政法规。

地方政府规章是由省、自治区、直辖市以及省、自治区人民政府所在地的市和国务院批准的较大的市的人民政府所制定的安全生产的法律规范性文件。地方政府规章的效力低于法律、行政法规,也低于同级或上级地方性法规。

(六)安全生产标准

安全生产标准是安全生产法律体系中的一个重要组成部分,也是安全生产管理的基础和监督执法工作的技术依据。安全生产标准大致分为设计规范类,安全生产设备、工具类,安全健康类,防护用品类等4类标准。

(七)已批准的国际劳动安全公约

国际公约是指我国作为国际法主体同外国缔结的双边、多边协议和其他具有条约、协定性质的文件。国际劳工组织自1919年创立以来,一共通过了185个国际公约和为数较多的建议书,这些公约和建议书统称为国际劳工标准,其中70%的国际劳工标准涉及职业健康安全问题。我国政府为国际性安全生产工作已签订了国际性公约,当我国安全生产法规与国际公约有不同时,应优先采用国际公约的规定(除保留条件的条款外)。目前我国政府已批准的国际公约有23个,其中4个是与职业健康安全相关的。

二、主要的安全生产法规及标准简介

(一)《中华人民共和国宪法》

《中华人民共和国宪法》是我国的根本大法,涉及安全生产和劳动保护的条款有:

第四十二条规定:中华人民共和国公民有劳动的权利和义务。国家通过各种途径,创造劳动就业条件,加强劳动保护,改善劳动条件,并在发展生产的基础上,提高劳动报酬和福利待遇。

第四十三条规定:中华人民共和国劳动者有休息的权利。国家发展劳动者休息和休养的设施,规定职工的工作时间和休假制度。

(二)《中华人民共和国刑法》

2006年6月29日,修正后的《中华人民共和国刑法》涉及安全生产和劳动保护的条款有

以下内容:

第一百三十四条:在生产、作业中违反有关安全管理的规定,因而发生重大伤亡事故或者造成其他严重后果的,处三年以下有期徒刑或者拘役;情节特别恶劣的,处三年以上七年以下有期徒刑。

强令他人违章冒险作业,因而发生重大伤亡事故或者造成其他严重后果的,处五年以下有期徒刑或者拘役;情节特别恶劣的,处五年以上有期徒刑。

第一百三十五条:安全生产设施或者安全生产条件不符合国家规定,因而发生重大伤亡事故或者造成其他严重后果的,对直接负责的主管人员和其他直接责任人员,处三年以下有期徒刑或者拘役;情节特别恶劣的,处三年以上七年以下有期徒刑。

第一百三十七条:建设单位、设计单位、施工单位、工程监理单位违反国家规定,降低工程质量标准,造成重大安全事故的,对直接责任人员,处五年以下有期徒刑或者拘役,并处罚金;后果特别严重的,处五年以上十年以下有期徒刑,并处罚金。

第一百三十九条之一:在安全事故发生后,负有报告职责的人员不报或者谎报事故情况,贻误事故抢救,情节严重的,处三年以下有期徒刑或者拘役;情节特别严重的,处三年以上七年以下有期徒刑。

(三)《中华人民共和国建筑法》(以下简称《建筑法》)

《建筑法》中直接涉及建筑安全生产的主要条款有以下内容:

第三十六条:建筑工程安全生产管理必须坚持安全第一、预防为主的方针,建立健全安全生产的责任制度和群防群治制度。

第三十七条:建筑工程设计应当符合按照国家规定制定的建筑安全规程和技术规范,保证工程的安全性能。

第三十八条:建筑施工企业在编制施工组织设计时,应当根据建筑工程的特点制定相应的安全技术措施;对专业性较强的工程项目,应当编制专项安全施工组织设计,并采取安全技术措施。

第三十九条:建筑施工企业应当在施工现场采取维护安全、防范危险、预防火灾等措施;有条件的,应当对施工现场实行封闭管理。

施工现场对毗邻的建筑物、构筑物和特殊作业环境可能造成损害的,建筑施工企业应当采取安全防护措施。

第四十条:建设单位应当向建筑施工企业提供与施工现场相关的地下管线资料,建筑施工企业应当采取措施加以保护。

第四十一条:建筑施工企业应当遵守有关环境保护和安全生产的法律、法规的规定,采取控制和处理施工现场的各种粉尘、废气、废水、固体废物以及噪声、振动对环境的污染和危害的措施。

第四十二条:有下列情形之一的,建设单位应当按照国家有关规定办理申请批准手续:

(1)需要临时占用规划批准范围以外场地的。

(2)可能损坏道路、管线、电力、邮电通信等公共设施的。

(3)需要临时停水、停电、中断道路交通的。

(4)需要进行爆破作业的。

(5)法律、法规规定需要办理报批手续的其他情形。

第四十三条：建设行政主管部门负责建筑安全生产的管理，并依法接受劳动行政主管部门对建筑安全生产的指导和监督。

第四十四条：建筑施工企业必须依法加强对建筑安全生产的管理，执行安全生产责任制度，采取有效措施，防止伤亡和其他安全生产事故的发生。

建筑施工企业的法定代表人对本企业的安全生产负责。

第四十五条：施工现场安全由建筑施工企业负责。实行施工总承包的，由总承包单位负责。分包单位向总承包单位负责，服从总承包单位对施工现场的安全生产管理。

第四十六条：建筑施工企业应当建立健全劳动安全生产教育培训制度，加强对职工安全生产的教育培训；未经安全生产教育培训的人员，不得上岗作业。

第四十七条：建筑施工企业和作业人员在施工过程中，应当遵守有关安全生产的法律、法规和建筑行业安全规章、规程，不得违章指挥或者违章作业。作业人员有权对影响人身健康的作业程序和作业条件提出改进意见，有权获得安全生产所需的防护用品。作业人员对危及生命安全和人身健康的行为有权提出批评、检举和控告。

第四十八条：建筑施工企业必须为从事危险作业的职工办理意外伤害保险，支付保险费。

第四十九条：涉及建筑主体和承重结构变动的装修工程，建设单位应当在施工前委托原设计单位或者具有相应资质条件的设计单位提出设计方案；没有设计方案的，不得施工。

第五十条：房屋拆除应当由具备保证安全条件的建筑施工单位承担，由建筑施工单位负责人对安全负责。

第五十一条：施工中发生事故时，建筑施工企业应当采取紧急措施减少人员伤亡和事故损失，并按照国家有关规定及时向有关部门报告。

第七十条：违反本法规定，涉及建筑主体或者承重结构变动的装修工程擅自施工的，责令改正，处以罚款；造成损失的，承担赔偿责任；构成犯罪的，依法追究刑事责任。

第七十一条：建筑施工企业违反本法规定，对建筑安全事故隐患不采取措施予以消除的，责令改正，可以处以罚款；情节严重的，责令停业整顿，降低资质等级或者吊销资质证书；构成犯罪的，依法追究刑事责任。

建筑施工企业的管理人员违章指挥、强令职工冒险作业，因而发生重大伤亡事故或者造成其他严重后果的，依法追究刑事责任。

第七十二条：建设单位违反本法规定，要求建筑设计单位或者建筑施工企业违反建筑工程质量、安全标准，降低工程质量的，责令改正，可以处以罚款；构成犯罪的，依法追究刑事责任。

(四)《安全生产法》简介

《安全生产法》是我国第一部安全生产综合性法律，该法规范了我国生产经营单位的安全生产，强化了安全生产监督执法，立足于事故预防，突出了安全生产基本法律制度的建设，是每个生产经营单位及其从业人员实现安全生产所必须遵循的法律规范，是各级人民政府和各相关部门进行安全监督管理和行政执法的法律依据，是惩治各种安全生产违法犯罪行为的法律武器。

《安全生产法》规定了国家保障安全生产的5种运行机制：政府监管与指导，企业实施与保障，员工权利与义务，社会监督与参与，中介支持与服务。

《安全生产法》明确了我国现阶段实行的国家安全生产监督管理体制——国家安全生产综合监督管理与各级政府有关职能部门(包括公安消防、公安交通、煤矿监察、建筑、交通运输、质量技术监督、工商行政管理等)专项监督管理相结合的体制。有关部门合理分工、相互协调,相应地表明了我国安全生产法的执法主体是国家安全生产综合管理部门和相应的专门监督管理部门。

《安全生产法》确定了我国安全生产的6项基本法律制度:安全生产监督管理制度,生产经营单位安全生产保障制度,生产经营单位负责人安全责任制度,安全中介服务制度,安全生产责任追究制度,事故应急救援和处理制度。

《安全生产法》指明了实现我国安全生产的三大对策体系:一是事前预防对策体系,即要求生产经营单位建立安全生产责任制,坚持"三同时"(生产经营单位新建、改建、扩建工程项目的安全设施,必须与主体结构同时设计、同时施工、同时投入生产和使用),保证安全机构及专业人员落实安全投入、进行安全培训、实行危险源管理、进行项目安全评价、推行安全设备管理、落实现场安全管理、严格交叉作业管理、实施高危作业安全管理、保证承包租赁安全管理、落实工伤保险等,同时,加强政府监管,发动社会监督,推行中介技术支持等,都是预防策略;二是事中应急救援体系,要求政府建立行政区域内的重大安全事故救援体系,制定社区事故应急救援预案,要求生产经营单位进行危险源的预控,制定事故应急救援预案等;三是建立事后处理对策系统,包括推行严格的事故处理和事故报告制度,实施事故后的行政责任追究制度,强化事故发生后的经济处罚,明确事故刑事责任追究等。

《安全生产法》对生产经营单位负责人的安全生产责任作了专门的规定:①建立健全安全生产责任制;②组织制定安全生产规章制度和操作规程;③保证安全生产投入;④督促检查安全生产工作,及时消除生产安全事故隐患;⑤组织制定并实施生产安全事故应急救援预案;⑥及时如实报告生产安全事故等。

《安全生产法》明确了从业人员在安全生产中的权利和义务。其中权利包括:①知情权,即有权了解其作业场所和工作岗位存在的危险因素、防范措施和事故应急措施;②建议权,即有权对本单位的安全生产工作提出建议;③批评权和检举、控告权,即有权对本单位安全生产管理工作中存在的问题提出批评、检举、控告;④拒绝权,即有权拒绝违章作业指挥和强令冒险作业;⑤紧急避险权,即发现直接危及人身安全的紧急情况时,有权停止作业或者在采取可能的应急措施后撤离作业场所;⑥依法向本单位提出要求赔偿的权利;⑦获得符合国家标准或者行业标准劳动防护用品的权利;⑧获得安全生产教育和培训的权利。从业人员的义务:①自律遵规的义务,即从业人员在作业过程中,应当遵守本单位的安全生产规章制度和操作规程,服从管理,正确佩戴和使用劳动防护用品;②自觉学习安全生产知识的义务,要求掌握本职工作所需的安全生产知识,提高安全生产技能,增强事故预防和应急处理能力;③危险报告义务,即发现事故隐患或者其他不安全因素时,应当立即向现场安全生产管理人员或者本单位负责人报告。

《安全生产法》以法定的方式,明确规定了我国安全生产的4种监督方式。一是工会民主监督,即工会有权对建设项目的"三同时"情况进行监督,提出意见;二是社会舆论监督,即新闻、出版、广播、电影、电视等单位有对违反安全生产法律、法规的行为进行舆论监督的权利;三是公众举报监督,即任何单位或者个人对事故隐患或者安全生产违法行为,均有权向负有安全生产监督管理职责的部门报告或者举报;四是社区报告监督,即居(村)民委员会发现其所在区域内的生产经营单位存在事故隐患或者安全生产违法行为时,有权向当地人民政府或者有关部门报告。

《安全生产法》中规范了国家安全监督检查人员的职权。国家有关安全生产监管部门的安全监督检查人员具有以下职权：一是现场调查取证权，即安全生产监督检查人员可以进入生产经营单位进行现场调查，任何单位不得拒绝，有权向被检查单位调阅资料，向有关人员（负责人、管理人员、技术人员）了解情况。二是现场处理权，即对安全生产违法作业当场纠正权；对现场检查出的隐患，责令限期改正、停产停业或停止使用的职权；责令紧急避险权和依法行政处罚权。三是查封、扣押、行政强制措施权，其对象是安全设施、设备、器材、仪表等，依据是不符合国家或行业安全标准；其条件是必须按程序办事、有足够证据、经部门负责人批准、通知被查单位负责人到场、登记记录等，并必须在 15 日内作出决定。

《安全生产法》还明确了安全监管部门和监督检查人员的要求和应尽的义务：一是审查、验收禁止收取费用；二是禁止要求被审查、验收的单位购买指定产品；三是必须遵循忠于职守、坚持原则、秉公执法的执法原则；四是监督检查时须出示有效的监督执法证件；五是对检查单位的技术秘密、业务秘密尽到保密的义务。

《安全生产法》明确了对相应违法行为采取的处罚方式：对政府监督管理人员有降级、撤职的行政处罚；对政府监督管理部门有责令改正、责令退还违法收取的费用的处罚；对中介机构有罚款、第三方损失连带赔偿、撤销机构资格的处罚；对生产经营单位有责令限期改正、停产停业整顿、经济罚款、责令停止建设、关闭企业、吊销其有关证照、连带赔偿等处罚；对生产经营单位负责人有行政处分、个人经济罚款、限期不得担任生产经营单位的主要负责人降职、撤职、处15 日以下拘留等处罚；对从业人员有批评教育、依照有关规章制度给予处分的处罚。无论任何人，造成严重后果，构成犯罪的，依照刑法有关规定追究刑事责任。

（五）《建设工程安全生产管理条例》（国务院 279 号令）（以下简称《管理条例》）

《管理条例》是在《建筑法》《安全生产法》颁布实施后制定的第一部在建设工程安全生产方面的配套性行政法规，是针对工程建设中存在建设工程各方主体安全责任不够明确，建设工程安全生产投入不足，监督管理制度和安全生产事故应急救援制度不健全的情况而制定的。

《管理条例》确定了政府部门的安全生产监管制度，包括依法批准开工报告的建设工程和拆除工程备案制度，三类人员考核任职制度，特种作业人员持证上岗制度，施工起重机械使用登记制度，政府安全监督检查制度，危及施工安全的工艺、设备、材料淘汰制度，生产安全事故报告制度。同时，补充和完善了市场准入制度中施工企业资质和施工许可制度，明确规定安全生产条件作为施工企业资质的必要条件。发放施工许可证时，对建设工程是否有安全施工措施进行审查把关，没有安全施工措施的，不得颁发施工许可证。

《管理条例》进一步明确了《建筑法》对施工企业的 7 项安全生产管理制度的规定，即安全生产责任制度、群防群治制度、安全生产教育培训制度、安全生产检查制度、意外伤害保险制度、伤亡事故处理报告制度和安全责任追究制度。同时，《管理条例》还增加了专项施工方案专家论证审查制度、施工现场消防安全责任制度、生产安全事故应急救援制度等。

《管理条例》明确规定了建设活动各方主体应当承担的安全生产责任，即建设单位、施工单位、工程监理单位、勘察设计单位、设备材料供应单位、机械设备租赁单位、起重机械和整体提升脚手架、模板的安装与拆卸单位等其他相关单位在建设活动中应当承担的安全责任，以及在建设活动中的违法行为应当承担的法律责任。

《管理条例》确定了建设工程安全生产监督管理体制。即国务院负责安全生产监督管理的部门依照《安全生产法》的规定，对全国建设工程安全生产工作实施综合监督管理，对安全生产工作进行指导、协调和监督;国务院建设行政主管部门对全国的建设工程安全生产实施监督管理;国务院有关部门按照国务院规定的职责分工,负责有关专业建设工程安全生产的监督管理,其监督管理主要体现在结合行业特点制定相关的规章制度和标准并实施行政监管上。形成统一管理与分级管理、综合管理与专门管理相结合的管理体制,分工负责、各司其职、相互配合,共同做好安全生产监督管理工作。

《管理条例》明确了建立生产安全事故的应急救援预案制度。建设行政主管部门应当根据本级人民政府的要求,制定本行政区域内建设工程特大生产安全事故应急救援预案。施工单位应当制定本单位生产安全事故应急救援预案,建立应急救援组织或者配备应急救援人员,配备必要的应急救援器材、设备,并定期组织演练。同时,施工单位应当制定施工现场生产安全事故应急救援预案。实行施工总承包的,由总承包单位统一组织编制建设工程生产安全事故应急救援预案,工程总承包单位和分包单位按照应急救援预案,各自建立应急救援组织或者配备应急救援人员,配备救援器材、设备;并定期组织演练。

(六)《安全生产许可证条例》(国务院第 397 号令)

2004 年 1 月 13 日发布的《安全生产许可证条例》是针对安全生产高危行业市场准入的一项制度,即国家对矿山企业、建筑施工企业和危险化学品、烟花爆竹,民用爆破器材生产企业实行安全生产许可制度。企业未取得安全生产许可证的,不得从事生产经营活动。

以上企业取得安全生产许可证,应当同时具备以下安全生产条件:

(1)建立健全安全生产责任制,制定完备的安全生产规章制度和操作规程。

(2)安全投入符合安全生产要求。

(3)设置安全生产管理机构,配备专职安全生产管理人员。

(4)主要负责人和安全生产管理人员经考核合格。

(5)特种作业人员经有关业务主管部门考核合格,取得特种作业操作资格证书。

(6)从业人员经安全生产教育和培训合格。

(7)依法参加工伤保险,为从业人员缴纳保险费。

(8)厂房、作业场所和安全设施、设备、工艺符合有关安全生产法律、法规、标准和规程的要求。

(9)有职业危害防治措施,并为从业人员配备符合国家标准或者行业标准的劳动防护用品。

(10)依法进行安全评价。

(11)有重大危险源检测、评估、监控措施和应急预案。

(12)有生产安全事故应急救援预案、应急救援组织或者应急救援人员,配备必要的应急救援器材、设备。

(13)法律、法规规定的其他条件。

(七)《建筑安全生产监督管理规定》(建设部第 13 号令)

《建筑安全生产监督管理规定》指出:凡从事房屋建筑、土木工程、设备安装、管线敷设等施工和构配件生产活动的单位及个人,都必须接受建设行政主管部门及其授权的建筑安全生产监督机构的行业监督管理,并依法接受国家安全监察。建筑安全生产监督管理,应当根据"管生产必须管安全"的原则,贯彻"预防为主"的方针,依靠科学管理和技术进步,推动建筑安全生产工作的开展,控制人身伤亡事故的发生。该规定明确了各级建设行政主管部门的安全生产监督管理工作的内容和职责。

(八)《建设工程施工现场管理规定》(建设部第 15 号令)

《建筑工程施工现场管理规定》是为加强建设工程施工现场管理,保障建设工程施工顺利进行而制定的。该规定指出：建设工程开工实行施工许可证制度；规定了施工现场实行封闭式管理、文明施工；任何单位和个人，要进入施工现场开展工作，必须经主管部门的同意。该规定还对施工现场防止环境污染提出了具体的措施和要求。

（九）《生产安全事故报告和调查处理条例》

国务院 2007 年 4 月 9 日公布，并于 2007 年 6 月 1 日起实施的该条例，是为了规范生产安全事故的报告和调查处理，落实生产安全事故责任追究制度，防止和减少生产安全事故的发生而制定的。

该条例中具体规范了生产安全事故的等级划分，明确了生产安全事故报告的对象、内容和要求，规定了事故调查的权限、事故调查组的成立及职责，确定了不同等级生产安全事故的处理部门和要求，并进一步明确了生产安全事故发生后，对事故发生单位及有关人员和相关部门及人员的法律责任。

（十）建筑施工安全生产技术标准与规范

《建筑施工安全生产技术标准与规范》主要有以下标准及规范文件。

1.《建筑施工安全检查标准》（JGJ 59—1999）

《建筑施工安全检查标准》采用安全系统工程原理，结合建筑施工伤亡事故规律，依据国家有关法律法规、标准和规程以及按照《建筑业安全卫生公约》（第 167 号公约）的要求，增设了文明施工、基坑支护、模板工程、外用电梯和起重吊装等五部分检查评分表，共包括 10 大类 158项，提高了施工现场安全生产和文明施工的管理水平。

2.《施工现场临时用电安全技术规范》（JGJ 46—2005）

《施工现场临时用电安全技术规范》明确规定了建筑施工现场临时用电施工组织设计的编制、专业人员、技术档案的管理要求；外电线路与电气设备防护、接地与防雷、配电室及自备电源、配电线路、配电箱及开关箱、电动建筑机械及手持电动工具、照明以及实行 TN—S 三相五线制接零保护系统的要求等方面的安全管理及安全技术措施的要求。

3.《建筑施工高处作业安全技术规范》（JGJ 80—1991）

《建筑施工高处作业安全技术规范》对建筑施工现场高处作业的安全技术措施及其所需料具，施工前的安全技术教育及交底，人身防护用品的落实，上岗人员的专业培训考试、持证上岗和体格检查，作业环境和气象条件，临边、洞口、攀登、悬空作业、操作平台与交叉作业的安全防护设施的计算、安全防护设施的验收都作出了具体的规定。

4.《龙门架及井架物料提升机安全技术规范》（JGJ 88—1992）

《龙门架及井架物料提升机安全技术规范》规定，安装提升机架体人员，应按高处作业人员的要求，经过培训持证上岗；使用单位应根据提升机的类型制定操作规程，建立管理制度及检修制度；应配备经正式考试合格持有操作证的专职司机；提升机应具有相应的安全防护装置并满足其要求。

5.《建筑施工扣件式钢管脚手架安全技术规范》（JGJ 130—2001）

《建筑施工扣件式钢管脚手架安全技术规范》对工业与民用建筑施工用落地式（底撑式）单、双排扣件式钢管脚手架的设计、构造、搭设、拆除、使用与管理，以及水平混凝土结构工程施工中模板支架的设计与施工等作了明确规定。

6.《建筑施工门式钢管脚手架安全技术规范》（JGJ 128—2000）

《建筑施工门式钢管脚手架安全技术规范》对建筑施工门式脚手架的设计、搭设与拆除、安全管理与维护、模板支撑与满堂脚手架都作了明确的要求。同时,对架体搭设人员的要求,防护用品的落实等,都作出了规定。

7.《建筑机械使用安全技术规程》(JGJ 33—2001)

《建筑机械使用安全技术规程》适用于建筑安装、工业生产及维修企业中各种类型建筑机械的使用。主要内容包括总则、一般规定(明确了操作人员的身体条件要求、上岗作业资格、防护用品的配置以及机械使用的一般条件)和 10 大类建筑机械使用所必须遵守的安全技术要求。

8.《施工企业安全生产评价标准》(JGJ/T 77—2003)

《施工企业安全生产评价标准》适用于施工企业及政府主管部门对企业生产条件、业绩的评价,以及在此基础上对施工企业安全生产能力的综合评价。该标准是为加强施工企业安全生产的监督管理,科学地评价施工企业安全生产条件、安全生产业绩及相应的安全生产能力,实现施工企业安全生产评价工作的规范化和制度化,促进施工企业安全生产管理水平的提高。

评价通过各安全生产条件单项评分和业绩评分进行,最后综合形成最终的评价结论,评价结论分为合格、基本合格、不合格三种。

9.《工程建设标准强制性条文》(房屋建筑部分)(2002 版)

在我国现行的工程建设国家标准和行业标准中,强制性标准有近 2 000 本之多。而且在这些标准中除强制性条文外还包含了许多推荐性的条文,为了便于执行强制性标准,《工程建设标准强制性条文》以摘编的方式,将现行工程建设国家和行业标准中,涉及人民生命财产安全、人身健康、环境保护和其他公众利益而必须严格执行的强制性规定汇集在一起,它是《建设工程质量管理条例》的一个配套文件。

《工程建设标准强制性条文》包括八篇,分别为建筑设计、建筑防火、建筑设备、勘察和地基基础、结构设计、房屋抗震设计、施工质量、施工安全。其中施工安全篇包括临时用电、高处作业、机械使用、脚手架、提升机、地基基础 6 个部分。

在 2000 年以后新批准发布的工程建设标准,凡有强制性条文的,在本书中都以加粗的字体明确表示。强制性条文必须严格执行。

(十一)与建筑施工现场环境保护相关的法律与标准

与建筑施工相关的环境保护法律有《中华人民共和国环境保护法》《中华人民共和国水污染防治法》《中华人民共和国固体废物污染环境防治法》和《中华人民共和国噪声污染环境防治法》。

环境标准通常指为了防治环境污染、维护生态平衡、保护社会物质财富和人体健康、保障自然资源的合理利用,对环境保护中需要统一规定的各项技术规范和技术要求的总称。环境标准分国家环境标准、地方性环境标准和国家环境保护总局标准。国家环境保护总局标准又称环保行业标准。环境标准又分为环境质量标准和污染物排放标准。

1.《中华人民共和国固体废物污染环境防治法》

固体废物是指在生产、生活和其他活动中产生的丧失原有利用价值或者虽未丧失利用价值但被抛弃或者放弃的固态、半固态和置于容器中的气态的物品、物质以及法律、行政法规规定纳入固体废物管理的物品、物质。固体废物是一个复杂的废物体系。

施工工地常见的固体废物:①建筑渣土:包括砖瓦、碎石、渣土、混凝土碎块、废钢铁、碎玻璃、废屑、废弃装饰材料等;②废弃的散装建筑材料:包括散装水泥、石灰等;③生活垃圾:包括炊厨废物、丢弃食品、废纸、生活用具、玻璃、陶瓷碎片、废电池、废旧日用品、废塑料制品、煤灰渣、废交通工具;④设备、材料等的废弃包装材料;⑤粪便等。

固体废物对环境的危害是全方位的,主要表现在,侵占土地、污染土壤、污染水体、污染大气以及影响环境卫生等几个方面。

固体废物处理的基本思想是采取资源化、减量化和无害化的处理,对固体废物产生的全过程进行控制。

该法第四十六条明确规定:工程施工单位应当及时清运工程施工过程中产生的固体废物,并按照环境卫生行政主管部门的规定进行利用或者处置。

2.《中华人民共和国噪声污染环境防治法》

建筑施工噪声,是指在建筑施工过程中产生的干扰周围生活环境的声音。《中华人民共和国噪声污染环境防治法》对建筑施工噪声的污染防治有明确的条文规定:

(1)城市市区范围内向周围生活环境排放建筑施工噪声的,应当符合国家规定的建筑施工场界环境噪声排放标准。

(2)在城市市区范围内,建筑施工过程中使用机械设备,可能产生环境噪声污染的,施工单位必须在工程开工15日以前向工程所在地县级以上地方人民政府环境保护行政主管部门申报该工程的项目名称、施工场所和期限、可能产生的环境噪声值以及所采取的环境噪声污染防治措施的情况。

(3)在城市市区噪声敏感建筑物集中区域内,禁止夜间进行产生环境噪声污染的建筑施工作业,抢修、抢险作业和因生产工艺上要求或者特殊需要必须连续作业的,必须有县级以上人民政府或者其有关主管部门的证明,并必须公告附近居民。

3.《建筑施工现场环境与卫生标准》(JGJ 146—2004)

《建筑施工现场环境与卫生标准》对建筑施工现场的环境保护和环境卫生提出了相关规定,环境保护重点是防治大气污染、水土污染和施工噪声污染。

4.《建筑施工场界噪声限值》(GB 12523—1990)、《建筑施工场界噪声测量方法》(GB 12524—1990)

《建筑施工场界噪声限值》与《建筑施工场界噪声测量方法》对城市建筑施工期间,施工场地产生的噪声限值的监控及其具体测量方法作了具体的规定。

5.《建筑业安全卫生公约》(第167号公约)

《建筑业安全卫生公约》(以下简称《公约》)是国际劳工组织为规范其会员国的建筑安全卫生活动而制定的重要国际劳工条约。我国是国际劳工组织常任理事国,2001年10月27日第九届全国人民代表大会常务委员会第二十四次会议决定:批准于1988年6月20日经第75届国际劳工大会通过,并于1991年1月11日生效的《建筑业安全卫生公约》在我国实施(暂不适用于特别行政区)。

《公约》就会员国、雇主、独立劳动者在建筑安全和卫生方面承担的义务,同一建筑工地雇主之间的合作关系,以及工人享有的权利、承担的责任和义务等方面作了规定。

《公约》还对涉及建筑安全与卫生的工作场所安全,脚手架梯子,起重机械和升降附属装置,运输机械、土方和材料搬运设备,高处作业,固定装置、机械、设备和手用工具,挖方工程、竖井、土方工程、地下工程和隧道,潜水箱和沉箱,在压缩空气中工作,构架和模板,水上作业,拆除工程,照明,电,炸药,健康危害,防火,个人防护用具和防护服,急救,福利,信息与培训,事故与疾病的报告等22个方面的预防和保护措施作了较为详细的条款规定。

项目二 建筑工程企业安全生产管理

项目介绍

⊙介绍建筑工程安全生产的特点及对策；
⊙介绍建设工程相关各方责任主体的安全责任；
⊙介绍建筑工程安全管理的基本制度。

项目目标

⊙掌握建筑工程安全生产的特点及对策；
⊙掌握建设工程相关各方责任主体的安全责任；
⊙熟悉建筑工程安全管理的基本制度。

案例导入

西安市某实验厅工程主体为 54 m×45 m 钢筋混凝土框架结构，屋面为球形节点网架结构，由中铁某公司总承包。由于总承包单位不具备该屋面结构的施工能力，建设单位将屋面网架工程分包给了常州某网架厂，并由总承包单位配合搭设满堂脚手架，以提供高空组装网架的操作平台，脚手架高度为 26 m。

为赶施工进度，未等脚手架交接验收确认，网架厂便于 2001 年 4 月 25 日晚，将运至施工现场的网架部件(约 40 t)，全部成捆吊上脚手架，使脚手架严重超载。4 月 26 日上班后，在用撬棍解捆时产生的振动导致堆放部件处的脚手架坍塌，脚手架上的网架部件及施工人员同时坠落，导致 7 人死亡 1 人重伤的较大安全事故。

案例分析

通过对以上事故的情况了解，可以看出在以下方面存在安全隐患：

(1)屋面网架结构在施工前的施工组织设计中存在安全隐患，立杆、横杆的间距均为 1.8 m，步距为 1.8 m，均为构造要求的最大值，其承载能力应为 2.5 kN/m²；而常州网架厂提供的网架单件重量就达 1.5 t，按相应的条件，要求最低承载力应不低于 4 kN/m²，故脚手架设计存在问题，且监理单位和建设单位未严格履行审核、验收手续。

(2)施工人员蛮干、管理人员违规指挥。

（3）未按规定及时搭设连墙件和剪刀撑，从而影响脚手架受力后的整体稳定性。

（4）分包单位未按规定对脚手架进行验收而直接使用，且将大量的部件任意摆放，使脚手架严重超载，加之在解捆时产生冲击荷载，导致脚手架坍塌。

想一想　假设当时现场管理人员（包括施工单位、监理单位或建设单位等）懂得脚手架的安全技术和管理规定，并严格执行，会导致类似的安全事故发生吗？吊篮脚手架、扣件式钢管脚手架等在使用前和使用过程中，都有哪些安全要求？

相关知识

实现建筑工程的安全生产离不开完善的管理体系，安全管理也是建筑工程项目管理的首要内容。现代建筑工程是通过有组织的施工生产活动，在特定的空间，由人、财、物的动态组织，构成一个唯一的产品。在这一活动中，由于建筑产品和建筑工程的特性，决定了建筑工程的管理任务难度较大。所以，建立健全完善的安全管理体系，明确各相关部门和人员的职责，确定和落实各项安全管理制度，是保证建筑工程安全生产的先决条件。

任务1　掌握建筑工程安全生产的特点及对策

一、建筑工程安全生产的特点

建筑工程是一种危险性较大的生产活动，其特点主要有以下方面：

（一）建筑产品的多样性决定了建筑安全生产的多变性

建筑产品的结构形式、建筑规模以及施工工艺等都具有多样性。建造不同的建筑产品，对人员、材料、机械设备、防护用品和设施、施工技术等均有不同的要求，而且施工现场环境也千差万别，这些差别决定了建筑工程过程中总会面临各种新的安全问题，安全生产永远是一项新的课题。

（二）建筑工程的固定性及组织施工的特点决定了建筑安全环境的特殊性

建筑工程的固定性及组织施工的特点，使得施工队组需要经常更换工作环境。建筑工程的工作场所和工作内容是动态的、不断变化的，随着工程建设的推进，施工现场则会从最初地下的基坑逐步变成耸立的高楼大厦。因此，建筑工程中的周边环境、作业条件、施工技术、人员类别和数量等都是在不断发生变化的，而相应的安全防护设施往往滞后于施工过程，施工现场存在的不安全因素复杂多变。建筑工程现场的噪声、热量、有害气体和尘土等，都使得工人经常面对多种不利的工作环境和负荷，容易导致安全事故的发生。

（三）建筑产品的庞体性决定了建筑工程高处作业的普遍性

随着社会的发展，建筑产品的空间高度和深度都在不断地增加，而众多的人员和设备在复杂多变的高处作业，使得施工的难度和危险性也就随之增大，所以建筑工程行业也是最危险的行业之一，危险源时刻伴随着施工的周围，极易发生安全事故。

（四）企业管理机构的特性决定了建筑安全生产管理的特殊性

许多施工单位往往同时承接多个工程项目的建设，而且通常上级公司又与项目部经常处于分离的状态。致使公司的安全措施并不能及时在项目部得到充分的落实。这使得现场安全管理的责任更多的由项目部来承担。但是,由于工程项目的临时性和建筑市场竞争的日趋激烈,各方面的压力也相应增大,公司的安全措施往往被忽视,并且不能在工程项目上得到充分的贯彻和落实,因而存在较多的安全隐患。

(五)多个建设主体的并存及其关系的复杂性决定了建筑安全管理的难度较大

工程建设涉及多个建设主体,一般包括建设、勘察、设计、监理及施工等诸多单位。建筑安全虽然是由施工单位负主要责任,但其他责任单位也都是影响安全生产的重要因素。加之分包单位的介入、各类人员的流动性以及不同的管理措施和安全理念,导致安全管理的难度较大。市场经济中,目标导向使得建设单位承受较大的压力和风险,而这些压力和风险又往往最终施加在建筑工程单位身上,使得一些施工单位往往只要结果(产量)不求过程(安全),而安全管理恰恰是体现在过程上的管理,加之资源供应的限制和施工的复杂性,建筑工程现场的安全管理难度较大。

(六)施工作业的非标准化使得施工现场危险因素增多

建筑产品是一个现场制造的产品,存在较多的非标准构件,不可能按照固定的模式进行安全生产,并且建筑业生产过程的低技术含量决定了从业人员的素质相对普遍较低,加之劳动和资本的密集、人员的流动性大,造成施工单位对施工人员的培训严重不足,使得施工人员违章操作现象时有发生。而当前的安全管理手段又比较单一,技术和管理水平相对落后,很多还是依赖经验、依赖监管、依赖安全检查等方式,所以建筑安全施工面临的问题较多。

除上述特点外,诸如自然环境的影响、露天作业、资源投入的限制、人员素质等也是影响建筑工程安全生产的因素。

二、影响建筑工程的不安全因素

施工现场的不安全因素较多,主要表现在以下 4 个方面:

(一)人的因素

人的不安全因素包括人的行为因素和非行为因素两类。

1.人的不安全行为因素

人的不安全行为一般可分为 13 种类型:

(1)操作失误、忽视安全、忽视警告。

(2)造成安全装置失效。

(3)使用不安全设备。

(4)手代替工具操作。

(5)物体存放不当。

(6)冒险进入危险场所。

(7)攀坐不安全位置。

(8)在起吊物下作业、停留。

(9)在机器运转时进行检查、维修、保养等工作。

(10)有分散注意力行为。

(11)没有正确使用个人防护用品、用具。

(12)不安全装束。

(13)对易燃易爆等危险物品处理错误等。

2.人的不安全非行为因素

人的不安全非行为因素是指作业人员在生理、心理、能力上存在的,不能适应工作岗位要求的影响安全的因素,主要包括:

(1)生理上的不安全因素,包括肢体、听觉、视觉、反应等感觉器官以及体能、年龄、疾病等不适合工作岗位要求的影响因素。

(2)心理上的不安全因素,包括性格、气质和情绪等。

(3)能力上的不安全因素,包括知识技能、操作技能、应变能力、资格等不能适应工作岗位要求的影响因素。

(二)物的因素

物的不安全因素是指能导致事故发生的物质所存在的不安全因素。其主要类型有:

(1)设备或机具防护装置欠缺或有缺陷。

(2)个人防护用品、用具欠缺或有缺陷。

(3)安全设施、工具、附件欠缺或有缺陷。

(4)安全措施不当。

(5)安全技术滞后或有缺陷。

(6)安全资金投入不足等。

(三)环境的因素

环境的不安全因素是指能导致事故发生的环境中存在的不利于建筑工程的因素,主要包括以下方面:

(1)各种自然因素的不利影响。

(2)经常变化的作业场所。

(3)立体交叉和高处作业的施工环境。

(4)复杂多变的周围环境和不利于施工的社会环境等。

(四)管理的因素

管理的不安全因素也称为管理缺陷,作为间接原因也是事故潜在的不安全因素,主要包括以下方面:

(1)管理制度缺乏或不健全。

(2)管理机构存在的缺陷或失职。

(3)管理水平低下和管理方法的缺陷。

(4)安全教育的缺乏或不全面。

(5)应急预案的缺乏或不完善。

(6)安全检查制度的缺乏或不完善等。

三、保障建筑工程安全生产的对策

通过对许多安全事故的分析,一般认为安全事故的发生大多是以上几种因素共同作用的结果,这也遵循了量变与质变的规律。因此预防事故应同时采取以下措施:

(一)约束人的不安全因素

1.贯彻落实安全生产责任制度

贯彻落实安全生产责任制度,包括建筑工程单位各级、各部门和各类人员的安全生产责任制及各横向相关单位的安全生产责任。

2. 建立健全安全生产教育制度

建立健全安全生产教育制度,包括企业、项目部、作业班组中全体人员的安全生产教育制度和技术交底制度。

3. 执行特种作业管理制度

执行特种作业管理制度,包括特种作业人员的分类、培训、考试、取证及再教育等制度。

(二)消除物的不安全因素

1. 落实安全防护管理制度

落实安全防护管理制度,包括落实土方开挖、基坑支护、脚手架工程、高处作业及料具存放等的安全防护要求等。

2. 选择安全、科学、经济、可行的施工方案和施工方法

选择安全、科学、经济、可行的施工方案和施工方法,包括施工的起点、流向、组织方式、施工方法、施工机具和各种措施等的确定,科学组织施工,针对不同的施工操作落实拟定的安全措施等。

3. 严格执行机械、设备安全管理制度

严格执行机械、设备安全管理制度,包括塔吊及各种施工机械的管理制度和操作规程等。

4. 严格执行施工用电安全管理制度

严格执行施工用电安全管理制度,包括施工用电的安全管理、配电线路、配电箱、各类用电设备和照明等的安全技术要求。

(三)建立健全安全管理体系

通过危害源识别、安全风险评价和风险控制的动态管理,以及相关各方的信息交流,提高建筑工程企业的安全管理水平,把各类影响建筑工程的不安全因素控制在事前,使得建设工程按既定的目标得以实现。

(四)采取隔离防护措施

采取必要的措施(如各种劳动安全防护管理制度),使人的不安全因素与物的不安全因素不在同一时间和空间相遇,这也是杜绝事故发生的有效措施。

(五)采取有效的防范措施,避免或减轻环境因素对建筑工程的影响

通过深化施工组织设计,充分考虑各种可能给施工带来的不利环境因素的影响,有针对性地采取相应的技术和组织措施,并在施工中加以落实和及时改进。

任务 2　掌握建设工程相关各方责任主体的安全责任

在《建设工程安全生产管理条例》中,对建设工程相关各方责任主体的安全责任和义务都作了明确的规定,具体内容如下。

一、建设单位的安全责任

(1)建设单位应当向施工单位提供施工现场及毗邻区域内供水、排水、供电、供气、供热、通信、广播电视等地下管线资料,气象和水文观测资料,相邻建筑物和构筑物、地下工程的有关资

料,并保证资料的真实、准确、完整。

建设单位因建设工程需要,向有关部门或者单位查询前款规定的资料时,有关部门或者单位应当及时提供。

(2)建设单位不得对勘察、设计、施工、工程监理等单位提出不符合建设工程安全生产法律、法规和强制性标准规定的要求,不得压缩合同约定的工期。

(3)建设单位在编制工程概算时,应当确定建设工程安全作业环境及安全施工措施所需费用。

(4)建设单位不得明示或者暗示施工单位购买、租赁、使用不符合安全施工要求的安全防护用具、机械设备、施工机具及配件、消防设施和器材。

(5)建设单位在申请领取施工许可证时,应当提供建设工程有关安全施工措施的资料。

依法批准开工报告的建设工程,建设单位应当自开工报告批准之日起 15 日内,将保证安全施工的措施报送建设工程所在地的县级以上地方人民政府建设行政主管部门或者其他有关部门备案。

(6)建设单位应当将拆除工程发包给具有相应资质等级的施工单位。

建设单位应当在拆除工程施工 15 日前,将下列资料报送建设工程所在地的县级以上地方人民政府建设行政主管部门或者其他有关部门备案。

1)施工单位资质等级证明。

2)拟拆除建筑物、构筑物及可能危及毗邻建筑的说明。

3)拆除施工组织方案。

4)堆放、清除废弃物的措施。

(7)实施爆破作业的,应当遵守国家有关民用爆炸物品管理的规定。

二、勘察、设计单位的安全责任

(1)勘察单位应当按照法律、法规和工程建设强制性标准进行勘察,提供的勘察文件应当真实、准确,满足建设工程安全生产的需要。

(2)勘察单位在勘察作业时,应当严格执行操作规程,采取措施保证各类管线、设施和周边建筑物、构筑物的安全。

(3)设计单位应当按照法律、法规和工程建设强制性标准进行设计,防止因设计不合理导致生产安全事故的发生。

(4)设计单位应当考虑施工安全操作和防护的需要,对涉及施工安全的重点部位和环节在设计文件中注明,并对防范生产安全事故提出指导意见。

(5)采用新结构、新材料、新工艺的建设工程和特殊结构的建设工程,设计单位应当在设计中提出保障施工作业人员安全和预防生产安全事故的措施建议。

(6)设计单位和注册建筑师等注册执业人员应当对其设计负责。

三、工程监理单位的安全责任

(1)工程监理单位应当审查施工组织设计中的安全技术措施或者专项施工方案是否符合工程建设强制性标准。

(2)工程监理单位在实施监理过程中,发现存在安全事故隐患的,应当要求施工单位整改;

情况严重的,应当要求施工单位暂时停止施工,并及时报告建设单位。施工单位拒不整改或者不停止施工的,工程监理单位应当及时向有关主管部门报告。

(3)工程监理单位和监理工程师应当按照法律、法规和工程建设强制性标准实施监理,并对建设工程安全生产承担监理责任。

四、施工单位的安全责任

(1)施工单位从事建设工程的新建、扩建、改建和拆除等活动,应当具备国家规定的注册资本、专业技术人员、技术装备和安全生产等条件,依法取得相应等级的资质证书,并在其资质等级许可的范围内承揽工程。

(2)施工单位主要负责人依法对本单位的安全生产工作全面负责。施工单位应当建立健全安全生产责任制度和安全生产教育培训制度,制定安全生产规章制度和操作规程,保证本单位安全生产条件所需资金的投入,对所承担的建设工程进行定期和专项安全检查,并作好安全检查记录。

(3)施工单位的项目负责人应当由取得相应执业资格的人员担任,对建设工程项目的安全施工负责,落实安全生产责任制度、安全生产规章制度和操作规程,确保安全生产费用的有效使用,并根据工程的特点组织制定安全施工措施,消除安全事故隐患,及时、如实报告生产安全事故。

(4)施工单位对列入建设工程概算的安全作业环境及安全施工措施所需费用,应当用于施工安全防护用具及设施的采购和更新、安全施工措施的落实、安全生产条件的改善,不得挪作他用。

(5)施工单位应当设立安全生产管理机构,配备专职安全生产管理人员;专职安全生产管理人员负责对安全生产进行现场监督检查,发现安全事故隐患,应当及时向项目负责人和安全生产管理机构报告;对违章指挥、违章操作的,应当立即制止。

(6)建设工程实行施工总承包的,由总承包单位对施工现场的安全生产负总责。

(7)总承包单位依法将建设工程分包给其他单位的,分包合同中应当明确各自的安全生产方面的权利、义务。总承包单位和分包单位对分包工程的安全生产承担连带责任。

(8)分包单位应当服从总承包单位的安全生产管理,分包单位不服从管理导致生产安全事故的,由分包单位承担主要责任。

(9)垂直运输机械作业人员、安装拆卸工、爆破作业人员、起重信号工、登高架设作业人员等特种作业人员,必须按照国家有关规定经过专门的安全作业培训,并取得特种作业操作资格证书后,方可上岗作业。

(10)施工单位应当在施工组织设计中编制安全技术措施和施工现场临时用电方案,对下列达到一定规模的危险性较大的分部分项工程编制专项施工方案,并附具安全验算结果,经施工单位技术负责人、总监理工程师签字后实施,由专职安全生产管理人员进行现场监督。

1)基坑支护与降水工程。

2)土方开挖工程。

3)模板工程。

4)起重吊装工程。

5)脚手架工程。

6)拆除、爆破工程。

7)国务院建设行政主管部门或者其他有关部门规定的其他危险性较大的工程。

对前款所列工程中涉及深基坑、地下暗挖工程、高大模板工程的专项施工方案,施工单位还应当组织专家进行论证、审查。

(11)建设工程施工前,施工单位负责项目管理的技术人员应当对有关安全施工的技术要求向施工作业班组、作业人员作出详细说明,并由双方签字确认。

(12)施工单位应当在施工现场入口处、施工起重机械、临时用电设施、脚手架、出入通道口、楼梯口、电梯井口、孔洞口、桥梁口、隧道口、基坑边沿、爆破物及有害危险气体和液体存放处等危险部位,设置明显的安全警示标志。安全警示标志必须符合国家标准。

(13)施工单位应当根据不同施工阶段和周围环境及季节、气候的变化,在施工现场采取相应的安全施工措施。施工现场暂时停止施工的,施工单位应当作好现场防护,所需费用由责任方承担,或者按照合同约定执行。

(14)施工单位应当将施工现场的办公、生活区与作业区分开设置,并保持安全距离;办公、生活区的选址应当符合安全性要求。职工的膳食、饮水、休息场所等应当符合卫生标准。施工单位不得在尚未竣工的建筑物内设置员工集体宿舍。

(15)施工现场临时搭建的建筑物应当符合安全使用要求。施工现场使用的装配式活动房屋应当具有产品合格证。

(16)施工单位对因建设工程施工可能造成损害的毗邻建筑物、构筑物和地下管线等,应当采取专项防护措施。

(17)施工单位应当遵守有关环境保护法律、法规的规定,在施工现场采取措施,防止或者减少粉尘、废气、废水、固体废物、噪声、振动和施工照明对人和环境的危害和污染;在城市市区内的建设工程,施工单位应当对施工现场实行封闭围挡。

(18)施工单位应当在施工现场建立消防安全责任制度,确定消防安全责任人,制定用火、用电、使用易燃易爆材料等各项消防安全管理制度和操作规程,设置消防通道、消防水源,配备消防设施和灭火器材,并在施工现场入口处设置明显标志。

(19)施工单位应当向作业人员提供安全防护用具和安全防护服装,并书面告知危险岗位的操作规程和违章操作的危害。

(20)作业人员有权对施工现场的作业条件、作业程序和作业方式中存在的安全问题提出批评、检举和控告,有权拒绝违章指挥和强令冒险作业。在施工中发生危及人身安全的紧急情况时,作业人员有权立即停止作业或者在采取必要的应急措施后撤离危险区域。

(21)作业人员应当遵守安全施工的强制性标准、规章制度和操作规程,正确使用安全防护用具、机械设备等。

(22)施工单位采购、租赁的安全防护用具、机械设备、施工机具及配件,应当具有生产(制造)许可证、产品合格证,并在进入施工现场前进行查验。

(23)施工现场的安全防护用具、机械设备、施工机具及配件必须由专人管理,定期进行检查、维修和保养,建立相应的资料档案,并按照国家有关规定及时报废。

(24)施工单位在使用施工起重机械和整体提升脚手架、模板等自升式架设设施前,应当组织有关单位进行验收,也可以委托具有相应资质的检验检测机构进行验收;使用承租的机械设备和施工机具及配件的,由施工总承包单位、分包单位、出租单位和安装单位共同进行验收。

验收合格的方可使用。《特种设备安全监察条例》规定的施工起重机械,在验收前应当经有相应资质的检验检测机构监督检验合格。

(25)施工单位的主要负责人、项目负责人、专职安全生产管理人员应当经建设行政主管部门或者其他有关部门考核合格后方可任职。

(26)施工单位应当对管理人员和作业人员每年至少进行一次安全生产教育培训,其教育培训情况记入个人工作档案。安全生产教育培训考核不合格的人员,不得上岗。

(27)作业人员进入新的岗位或者新的施工现场前,应当接受安全生产教育培训。未经教育培训或者教育培训考核不合格的人员,不得上岗作业。

(28)施工单位在采用新技术、新工艺、新设备、新材料时,应当对作业人员进行相应的安全生产教育培训。

(29)施工单位应当为施工现场从事危险作业的人员办理意外伤害保险。

意外伤害保险费由施工单位支付。实行施工总承包的,由总承包单位支付意外伤害保险费。意外伤害保险期限自建设工程开工之日起至竣工验收合格止。

五、其他相关单位的安全责任

(1)为建设工程提供机械设备和配件的单位,应当按照安全施工的要求配备齐全有效的保险、限位等安全设施和装置。

(2)出租的机械设备和施工机具及配件,应当具有生产(制造)许可证、产品合格证。

出租单位应当对出租的机械设备和施工机具及配件的安全性能进行检测,在签订租赁协议时,应当出具检测合格证明。

(3)禁止出租检测不合格的机械设备和施工机具及配件。

(4)在施工现场安装、拆卸施工起重机械和整体提升脚手架、模板等自升式架设设施,必须由具有相应资质的单位承担。

(5)安装、拆卸施工起重机械和整体提升脚手架、模板等自升式架设设施,应当编制拆装方案、制定安全施工措施,并由专业技术人员现场监督。

(6)施工起重机械和整体提升脚手架、模板等自升式架设设施安装完毕后,安装单位应当自检,出具自检合格证明,并向施工单位进行安全使用说明,办理验收手续并签字。

(7)施工起重机械和整体提升脚手架、模板等自升式架设设施的使用达到国家规定的检验检测期限的,必须经具有专业资质的检验检测机构检测。经检测不合格的,不得继续使用。

(8)检验检测机构对检测合格的施工起重机械和整体提升脚手架、模板等自升式架设设施,应当出具安全合格证明文件,并对检测结果负责。

任务3 熟悉建筑工程安全管理的基本制度

要贯彻"安全第一、预防为主、综合治理"的方针,实现建筑工程的安全生产,其基本点在于建立健全并落实安全生产的管理制度。安全生产管理制度可分为政府部门的监督管理制度和建筑工程企业的责任制度两个方面。

一、政府部门监督管理制度

(一)安全生产许可证制度

国家对高危险的重点行业实行安全生产许可制度,建立安全生产市场准入机制。《安全生产许可证条例》明确规定:国家对矿山企业、建筑工程企业和危险化学品、烟花爆竹、民用爆破器材生产企业实行安全生产许可制度,上述企业未取得安全生产许可证的,不得从事生产经营活动。

安全生产许可证的有效期为3年。安全生产许可证有效期满需要延期的,企业应当于期满前3个月向原安全生产许可证颁发管理机关办理延期手续。

企业在安全生产许可证有效期内,严格遵守有关安全生产的法律法规,未发生死亡事故的,安全生产许可证有效期届满时,经原安全生产许可证颁发管理机关同意,不再审查,安全生产许可证有效期延期3年。

(二)安全生产费用保障制度

安全生产费用是指企业按照规定标准提取,在成本中列支,专门用于完善和改进企业安全生产条件的资金,按照"企业提取、政府监管、确保需要、规范使用"的原则进行财务管理。

2006年12月8日,财政部、国家安全生产监督管理总局联合发布了《高危行业企业安全生产费用财务管理暂行办法》(财企[2006]478号)(以下简称《暂行办法》),进一步确立在矿山开采、建筑施工、危险品生产以及道路交通运输行业全面实行安全费用制度。明确指出建筑施工是指土木工程、建筑工程、井巷工程、线路管道和设备安装及装修工程的新建、扩建、改建以及矿山建设。

该《暂行办法》自2007年1月1日开始实施后,建筑工程企业以建筑安装工程造价为计算和提取依据,提取的安全费用列入工程造价,在竞标时不得删减。各工程类别安全费用提取标准:房屋建筑工程、矿山工程为2.0%;电力工程、水利水电工程、铁路工程为1.5%;市政公用工程、冶炼工程、机电安装工程、化工石油工程、港口与航道工程、公路工程、通信工程为1.0%。

《暂行办法》明确规定安全费用应当用于完善、改造和维护安全防护设备、设施支出;配备必要的应急救援器材、设备和现场作业人员安全防护物品支出;安全生产检查与评价支出;重大危险源、重大事故隐患的评估、整改、监控支出;安全技能培训及进行应急救援演练支出;其他与安全生产直接相关的支出。

为了确保安全费用的正常使用,《暂行办法》要求企业提取安全费用应当专户核算,按规定范围安排使用。建立健全内部安全费用管理制度,明确安全费用使用、管理的程序、职责及权限,接受安全生产监督管理部门和财政部门的监督管理。集团公司经过履行内部决策程序,可以对所属企业提取的安全费用按照一定比例集中管理,统筹使用。

《暂行办法》还指出,企业应当为从事高危作业人员办理团体人身意外伤害保险或个人意外伤害保险,所需保险费用直接列入工程成本,不在安全费用中列支。企业为职工提供的职业病防治、工伤保险、医疗保险所需费用,不得在安全费用中列支。

(三)建筑工程企业安全生产管理机构和专职安全管理员制度

安全生产管理机构是指建筑工程企业及其在建设工程项目中设置的负责安全生产管理工作的独立职能部门。

按照《建筑施工企业安全生产管理机构设置及专职安全生产管理人员配备办法》（建质〔2004〕213号）的规定，建筑施工企业所属的分公司、区域公司等较大的分支机构应当各自独立设置安全生产管理机构，负责本企业（分支机构）的安全生产管理工作。建筑施工企业及其所属分公司、区域公司等较大的分支机构必须在建设工程项目中设立安全生产管理机构。

安全生产管理机构的职责主要包括落实国家有关安全生产法律法规和标准、编制并适时更新安全生产管理制度、组织开展全员安全教育培训及安全检查等活动。

专职安全生产管理人员是指经建设主管部门或者其他有关部门安全生产考核合格，并取得安全生产考核合格证书，在企业从事安全生产管理工作的专职人员，包括企业安全生产管理机构的负责人及其工作人员和施工现场专职安全生产管理人员。

施工现场专职安全生产管理人员负责施工现场安全生产巡视督查，并作好记录。发现现场存在安全隐患时，应及时向企业安全生产管理机构和工程项目经理报告；对违章指挥、违章操作的，应立即制止。

企业安全生产管理机构负责人依据企业安全生产实际，适时修订企业安全生产规章制度，调配各级安全生产管理人员，监督、指导并评价企业各部门或分支机构的安全生产管理工作，配合有关部门进行事故的调查处理等。

企业安全生产管理机构工作人员负责安全生产相关数据统计、安全防护和劳动保护用品配备及检查、施工现场安全督查等。

建筑工程总承包企业安全生产管理机构内的专职安全生产管理人员应当按企业资质类别和等级足额配备，根据企业生产能力或施工规模，专职安全生产管理人员人数为：

（1）集团公司——1人/（百万平方米·年）（生产能力）或每10亿施工总产值·年，且不少于4人。

（2）工程公司（分公司、区域公司）——1人/（10万平方米·年）（生产能力）或每1亿施工总产值·年，且不少于3人。

（3）专业公司——1人/（10万平方米·年）（生产能力）或每1亿施工总产值·年，且不少于3人。

（4）劳务公司——1人/50名施工人员，且不少于2人。

建设工程项目应当成立由项目经理负责的安全生产管理小组，小组成员应包括企业派驻到项目的专职安全生产管理人员，专职安全生产管理人员的配置：

建筑工程、装修工程按照建筑面积：1万平方米及以下的工程至少1人；1万～5万平方米的工程至少2人；5万平方米以上的工程至少3人，并应当设置安全主管，按土建、机电设备等专业设置专职安全生产管理人员。

土木工程、线路管道、设备按照安装总造价：5 000万元以下的工程至少1人；5 000万～1亿元的工程至少2人；1亿以上的工程至少3人，并应当设置安全主管，按土建、机电设备等专业设置专职安全生产管理人员。

工程项目采用新技术、新工艺、新材料或致害因素多、施工作业难度大的工程项目，施工现场专职安全生产管理人员的数量应当根据施工实际情况，在以上配置标准的基础上增配。

劳务分包企业建设工程项目施工人员50人以下的，应当设置1名专职安全生产管理人员；50～200人的，应设2名专职安全生产管理人员；200人以上的，应根据所承担的分部分项工程施工危险实际情况增配，并不少于企业总人数的5‰。

施工作业班组应设置兼职安全巡查员,对本班组的作业场所进行安全监督检查。

(四)特种作业人员持证上岗制度

按照《特种作业人员安全技术培训考核管理办法》(1997年7月12日国家经济贸易委员会第13号令)的规定:特种作业是指容易发生人员伤亡事故,对操作者本人、他人及周围设施的安全可能造成重大危害的作业。直接从事特种作业的人员称为特种作业人员。

特种作业的劳动者必须按照有关规定经过专门的安全作业培训,并取得特种作业资格证书后,方可上岗。

根据国家安全生产监督管理局《关于特种作业人员安全技术培训考核工作的意见》(安监管人字〔2002〕124号文)规定,涉及建筑工程企业的特种作业人员包括:

(1)电工作业,含发电、送电、变电、配电工,电气设备的安装、运行、检修(维修)、试验工。

(2)金属焊接、切割作业,含焊接工,切割工。

(3)起重机械(含电梯)作业,含起重机械(含电梯)司机、司索工、信号指挥工、安装与维修工。

(4)企业内机动车辆驾驶,含在企业内及码头、货场等生产作业区域和施工现场行驶的各类机动车辆的驾驶人员。

(5)登高架设作业,含2m以上登高架设、拆除、维修工,高层建(构)筑物表面清洗工。

(6)锅炉作业,含水质化验,含承压锅炉的操作工,锅炉水质化验工。

(7)压力容器作业,含压力容器灌装工、检验工、运输押运工、大型空气压缩机操作工。

(8)制冷作业,含制冷设备安装工、操作工、维修工。

(9)爆破作业,含地面工程爆破、井下爆破工。

(10)危险物品作业,含危险化学品、民用爆炸品、放射性物品的操作工、运输押运工、储存保管员。

(11)经国家安全生产监督管理局批准的其他的作业工。

需要注意的是,《特种设备作业人员监督管理办法》(国家质量监督检验检疫总局70号令)中的"特种设备作业人员"与上述"特种作业人员"所界定的范围和管辖权限虽有所不同,但同样要求必须经培训考核合格,取得《特种设备作业人员证》,方可从事相应的作业或者管理工作。

(五)三类人员考核任职制度

根据《安全生产法》的规定,建筑工程单位的企业主要负责人、项目负责人和安全生产管理人员,应当由有关主管部门对其安全生产知识和管理能力考核合格后方可任职。建设部《建筑施工企业主要负责人、项目负责人、专职安全生产管理人员安全生产考核管理暂行规定》(建质〔2004〕59号)进一步明确,三类人员必须经建设行政主管部门对其安全知识和管理能力考核合格后方可任职,并接受定期进行的继续教育。

(六)意外伤害保险制度

《建筑法》规定:建筑施工企业必须为从事危险作业的职工办理意外伤害保险,支付保险费。由施工单位作为投保人与保险公司订立保险合同,支付保险费,以本单位从事危险作业的人员作为被保险人,当被保险人在施工作业发生意外伤害事故时,由保险公司按照合同约定向被保险人或者受益人支付保险金。该项保险是法定的强制性保险,以维护施工现场从事危险作业人员的利益。

建设部《关于加强建筑意外伤害保险工作的指导意见》(建质[2003]107号)对建筑意外伤害保险的投保范围、保险期限等作了详细规定,并明确指出:保险费应当列入建筑安装工程成本。保险费由施工企业支付,施工企业不得向职工摊派。

(七)安全事故报告制度

《安全生产法》《建设工程安全生产管理条例》《企业职工伤亡事故报告和处理规定》(国务院75号令)、《工程建设重大事故报告和调查程序规定》(建设部3号令)对安全事故报告制度都有明确要求。发生安全事故的施工单位应按规定,及时、如实地向负责安全生产的监督管理部门、建设行政主管部门或者其他有关部门报告;特种设备发生事故的,还应当同时向特种设备安全监督管理部门报告。实行施工总承包的建设工程,由总承包单位负责上报事故。

二、建筑工程企业的责任制度

根据《建设工程安全生产管理条例》的要求,建筑工程企业应建立的基本安全管理制度有:

(一)安全生产责任制度

安全生产责任制度是指建筑工程企业针对各级领导、各个部门、各类人员所规定的,在其各自职责范围内对安全生产应负责任的制度。其内容应充分体现责、权、利相统一的原则。建立以安全生产责任制为核心的各项安全管理制度,是保障安全生产,贯彻"安全第一、预防为主、综合治理"方针的重要手段。

(二)安全技术措施制度

安全技术措施是指为防止安全事故和职业病的危害,从技术上采取的措施,是建设工程项目管理中施工规划或施工组织设计的重要组成部分。

安全技术措施包括防坍塌、防高空坠落、防物体打击、防机械伤害、防火、防毒、防爆、防洪、防尘、防雷击、防触电、防溜车、防交通事故、防寒、防暑、防疫、防环境污染等方面的技术措施。

(三)专项施工方案及专家论证审查制度

为了加强建设工程的安全技术管理,防止安全事故的发生,建设部于2004年颁布实施了《危险性较大工程安全专项施工方案编制及专家论证审查办法》。对于危险性较大的建筑工程,如基坑支护工程、模板工程、起重吊装工程等,必须编制专项施工方案,并附安全验算结果,经施工单位技术负责人、总监理工程师审查签字后,方可实施;特殊工程还必须由施工单位组织专家论证审查,经审查合格后,方可实施。

(四)安全技术交底制度

安全技术交底制度是指在施工前,施工项目技术负责人应将工程概况、施工方法、作业特点、危险源、安全技术措施,以及发生事故后应及时采取的避险和急救措施等情况向施工工长、作业班组、作业人员进行详细的讲解和说明。安全技术交底必须经双方签字确认,并存档保存。

(五)安全生产教育培训制度

安全生产教育培训制度是指对从业人员进行安全生产教育和安全生产技能的培训,并将这种教育和培训制度化、规范化,以提高全体人员的安全意识和安全生产的技术与管理水平,减少、防止生产安全事故的发生。

为贯彻"安全第一、预防为主、综合治理"的方针,加强建筑业企业职工安全培训教育工作,增强职工的安全意识和安全防护能力,减少伤亡事故的发生,按照建设部《建筑业企业职工安全培训教育暂行规定》的要求,建筑工程企业应当落实安全生产教育培训制度。

(六)安全事故应急救援制度

施工单位应当制定本单位生产安全事故应急救援预案,建立应急救援组织或者配备应急救援人员,配备必要的应急救援器材、设备,并定期组织演练。

实行施工总承包的,由总承包单位统一组织编制建设工程生产安全事故应急救援预案,工程总承包单位和分包单位按照应急救援预案,各自建立应急救援组织或者配备应急救援人员,配备救援器材、设备,并定期组织演练。

(七)起重机械和设备设施验收登记制度

施工单位在使用施工起重机械和整体提升脚手架、模板等自升式架设设施前,应当组织出租单位、安装单位、分包单位等有关单位进行验收,也可以委托具有相应资质的检验检测机构进行验收,验收合格后方可使用。施工单位应自验收合格之日起 30 日之内,还应向建设行政主管部门或者其他有关部门登记备案。

(八)防护用品及设备管理制度

防护用品及设备管理制度是指建筑工程企业采购、租赁的安全防护用具、机械设备、施工机具及配件,应当具有生产(制造)许可证、产品合格证,并在进入现场前由相关人员进行查验。同时,作好防护用品和设备的使用、维修、保养、报废和资料档案等管理工作。

(九)安全生产值班制度

安全生产值班制度是为加强安全生产工作的领导,确保施工项目安全生产工作的延续性,保证安全信息的沟通,而建立的一项规章制度。它要求施工企业和项目部的主要管理人员应按要求轮流值班,时刻了解建筑工程现场的安全生产状况,并及时处理和解决施工中出现的各类安全问题。

(十)消防安全责任制度

消防安全责任制度是指工程项目部应确定消防安全责任人,制定用火、用电、使用易燃易爆材料等各项消防安全管理制度和操作规程,施工现场设置消防通道、消防水源,配备消防设施和灭火器材,并在施工现场入口处设置明显的消防警示标志。

除上述责任制度以外,建筑工程企业还可根据本企业的具体情况和要求,制定一些其他的安全责任制度,如宿舍和食堂安全责任制度、场容和场貌管理责任制度等。

项目三 建筑工程现场安全管理

项目介绍

⊙ 介绍建筑工程企业安全生产责任制；
⊙ 介绍建筑工程现场安全生产的基本要求；
⊙ 介绍建筑工程安全技术措施及审查；
⊙ 介绍应急救援预案与事故急救；
⊙ 介绍建筑企业安全教育；
⊙ 介绍建筑工程现场安全检查；
⊙ 介绍安全事故管理；
⊙ 介绍建筑工程安全资料管理。

项目目标

⊙ 掌握建筑工程企业安全生产责任制；
⊙ 掌握建筑工程现场安全生产的基本要求；
⊙ 掌握建筑工程安全技术措施及审查；
⊙ 掌握应急救援预案与事故急救；
⊙ 掌握建筑企业安全教育；
⊙ 掌握建筑工程现场安全检查；
⊙ 掌握安全事故管理；
⊙ 掌握建筑工程安全资料管理。

案例导入

某市因道路拓宽工程需要，市城建开发处与该市某拆迁单位签订委托拆迁协议，将某建筑公司大院部分房屋及附属物拆除任务委托给某拆迁单位。2001 年 9 月 18 日，拆迁单位与建筑公司签订拆迁协议，同意由该建筑公司负责拆除。

签订协议后，拆迁单位程某某、邱某某、陈某某等人为了单位创收，与建筑公司副经理杨某、经营科长蒋某口头协议，要将文化中心和实验室拆除另行安排。据此书面和口头协议，某建筑公司安排所属工贸公司，将协议范围内的拆除物于年底前拆除完毕，而对拆迁单位口头协议下的文化中心和实验室未安排单位拆除。

2001 年 10 月,拆迁单位陈某某将文化中心和实验室拆除业务安排给了个体户陈某某。陈某某在拆除完实验室和文化中心屋顶后,将剩余的工程又转包给韩某某拆除。

过了半年后,即在 2002 年 8 月 13 日上午,文化中心只剩下东山墙未拆(高约 4 m,长约 7 m),其余的墙已全部拆倒。工人韩某某等 3 人在东山墙西侧约 3 m 的地方清理红砖。约 9 时 40 分,东山墙突然向西倒塌,将正在清理红砖的 3 人砸倒,当场死亡。

案例分析

通过对以上事故的情况了解,该工程施工中,有以下不符合安全要求之处:

(1)技术方面。拆除人韩某某在未对拆除工程制定拆除方案的情况下对房屋进行拆除时,采取了错误的分段拆除方法,并没有采取任何安全防护措施,导致墙体失稳,突然倒塌。因此,缺少施工方案和安全技术措施是此次事故的技术原因。

(2)管理方面。

1)拆迁单位对内部人员失之管理,且工程发包后,对工程未采取监督措施。

2)某建筑公司作为合同中的承包人,执行合同不严,现场管理交接不清。

3)拆迁单位职工陈某某利用身份和工作便利,弄虚作假、徇私舞弊,违法将拆迁业务安排给无资质的个体户。

4)承包人个体户陈某某无拆除资质,利用非法手段承揽拆迁业务,又非法转包给另一个个体户韩某某,是此次事故的管理原因。

事故责任及处理:

拆除人韩某某系无房屋拆除资质的个体,不懂建筑工程技术,承揽任务后私招滥雇,既未制定拆除方案,也没有采取任何安全防护措施,严重违反了拆除作业程序,属典型的违章拆除,其行为已触犯《刑法》第一百三十四条,应追究刑事责任。

该市拆迁单位职工陈某某,利用身份和工作便利,弄虚作假,徇私舞弊,私自将拆迁业务安排给无资质的个体业主,对本次事故负有主要责任。

该市拆迁单位部分分管此次拆迁工作的领导,为单位创收随意争来拆除业务后又不闻不问,管理、监督不到位,对此次事故负有不可推卸的责任。

因此,应对以上相关人员都进行相应的处分。

想一想 假设操作工人懂得安全技术措施,现场管理人员懂得建筑施工现场安全管理和检查,并严格执行,结果又会如何?

相关知识

建筑工程安全生产管理的立足点是建筑工程现场,建筑工程现场的安全管理也一直是整个行业工程管理的中心。建筑工程现场的安全管理一般包括:建立健全并落实安全生产责任制、安全技术措施审查制度、应急救援制度、安全检查制度、安全事故管理制度、安全教育制度和安全资料管理制度等。

任务 1 掌握建筑工程企业安全生产责任制

建筑工程企业安全生产责任制是企业岗位责任制的一个组成部分。它是根据"管生产必须管安全"的原则,综合各种安全生产管理、安全操作规章制度,对施工企业各级领导、各职能部门、有关工程技术人员和生产工人在生产中应负的安全责任作出明确规定的一项制度。

安全生产责任制也是企业最基本的一项安全制度,是所有安全生产规章制度的核心。有了这项制度,就能把安全生产从组织领导上统一起来,把"管生产必须管安全"的原则从制度上固定下来。这样,安全生产工作才能做到事事有人管、层层有专责,使领导干部和广大职工分工协作,共同努力,认真负责地做好安全生产工作。安全生产责任制是其他各项安全生产规章制度得以实施的基本保证。

安全生产责任制与奖惩制度的结合,也是加强安全生产规章制度教育的一个重要手段,对提高企业所有人员认真执行安全生产规章制度的自觉性有着较大的作用。同时,有了安全生产责任制,在出了安全事故以后,就能比较清楚地分析事故,分清从管理到操作各方面的责任,对吸取教训、做好整改、避免事故重复发生,是一项制度保证。

一、建筑工程企业各职能部门的安全生产责任

(一)安全管理部门

建筑工程企业安全管理部门的安全生产责任包括:

(1)积极宣传和贯彻国家、行业和地方颁布实施的各项安全生产的法律法规,并督促本企业严格执行。

(2)严格执行本企业的各项安全规章制度,并监督检查公司范围内安全生产责任制的执行情况,制定定期安全工作计划和方针目标,并负责贯彻实施。

(3)协助有关领导组织施工活动中的定期和不定期安全检查,及时制止各种违章指挥和冒险作业,保障建筑工程的安全进行。

(4)组织制定或修改安全生产的各项管理制度,负责审查企业内部的各项安全操作规程,并对其执行情况进行监督检查。

(5)组织全体职工进行安全教育,特别是组织特种作业人员的培训、考核等管理工作。

(6)组织开展危险源的辨识与防范措施的落实,督促企业各分公司和项目部逐级建立安全生产管理机构和配备安全管理人员。

(7)参与新建、改建、扩建工程项目的施工组织设计、会审、审查和竣工验收等工作;参与安全技术措施、文明施工措施、施工方案等会审工作;参与安全生产例会,及时收集信息,预测事故发生的可能性。

(8)参加暂设电气工程的施工组织设计和安装验收,提出具体意见,并监督执行;参加自制的中小型机具设备及各种设施和设备维修后在投入使用前的验收,合格后批准使用。

(9)参与一般及大、中、异型特殊脚手架的安装验收,及时发现问题,监督有关部门或人员解决落实。

(10)深入基层调查研究不安全动态,提出整改意见,制止违章作业,有权下达停工令和依据相关规定进行处罚。

(11)协助有关领导监督安全保证体系的正常运转,对削弱安全管理工作的部门,要及时汇报领导,督促解决。

(12)作好专控劳动保护用品的监督和管理工作,并监督其使用。

(13)对所有进入施工现场的单位或个人进行安全条件的审查和监督,发现不符合施工现

场安全技术与管理规定的,有权责令其改正或撤离。

(14)督促项目部按规定及时领取和发放劳动保护用品,并指导员工正确使用。

(15)主持因工伤亡事故的内部调查,进行伤亡事故统计、分析,并按规定及时上报,对伤亡事故和重大未遂事故的责任者提出处理意见。

(16)配合事故调查组,参与伤亡事故的调查、分析及处理等具体工作。

(17)采纳安全生产的合理化建议,不断改进施工现场的安全技术和管理水平。

(18)落实本企业安全技术资料的收集、整理和归档等管理工作。

(二)技术部门

建筑工程企业技术部门的安全生产责任:

(1)认真学习、贯彻执行国家和上级有关安全技术及安全操作规程的规定,组织施工生产中的安全技术措施的制定与实施。

(2)在编制施工组织设计和专业性方案时,要在每个环节中贯彻安全技术措施,对确定后的方案,若有变更,应及时组织修订和审查。

(3)检查施工组织设计和施工方案中安全措施的实施情况,对施工中涉及安全方面的技术性问题,提出解决办法。

(4)对新技术、新材料、新工艺,必须制定相应的安全技术措施和安全操作规程。

(5)对改善劳动条件、减轻笨重体力劳动、消除噪声等方面的治理进行调查研究,提出解决的技术和组织方案。

(6)参与伤亡事故和重大已、未遂事故中技术性问题的调查,分析事故原因,从技术上提出防范措施。

(三)计划部门

建筑工程企业计划部门的安全生产责任:

(1)在编制年、季、月、旬生产计划时,必须首先树立"安全第一"的思想,均衡组织生产,保障安全工作与生产任务协调一致,并将安全生产计划纳入生产计划优先安排。

(2)坚持按照安全、合理的要求安排施工程序和施工组织,并充分考虑职工的劳逸结合,认真编制各项施工作业计划。

(3)在检查生产计划实施情况的同时,要检查项目安全措施的执行情况,对施工中重要安全防护设施、设备的实施工作(如支拆脚手架、安全网等)要纳入计划,列为正式工序,并给予作业时间和资源的保证。

(4)在生产任务与安全保障发生矛盾时,必须优先解决安全保障的实施。

(四)劳动人事部门

建筑工程企业劳动人事部门的安全生产责任:

(1)认真落实国家和省、市有关劳动保护的法规,严格执行有关人员的劳动保护待遇,并监督实施情况。

(2)严格执行国家和省、市特种作业人员持证上岗作业的有关规定,适时组织特种作业人员的培训工作,并向安全监督管理部门或主管领导通报情况。

(3)对职工(含分包单位员工)进行定期的教育考核,将安全技术知识列为员工培训、考核、评级的内容之一。对新招收的工人(含分包单位员工)要组织入厂教育和资格审查,保证参与施工的人员具备相应的安全技能要求。

(4)参与因工伤亡事故的调查,从用工方面分析事故原因,提出防范措施,并认真执行对事故责任者的处理意见和决定。

(5)根据国家和省、市有关安全生产的方针、政策及企业实际情况,足额配备具有一定文化程度、技术和实践经验的安全管理人员,保证安全管理人员的素质。

(6)组织对新调入、新入场和转岗的施工和管理人员的安全培训和教育工作。

(7)按照国家和省、市有关规定,负责审查安全管理人员和其他人员的职业资格,有权向主管领导建议调整和补充安全监督管理人员或其他人员。

(五)教育培训部门

建筑工程企业教育培训部门的安全生产责任:

(1)组织与施工生产有关的学习班时,要安排安全生产技术与管理的教育内容。

(2)各专业主办的各类学习班,要设置职业健康和劳动保护课程(课时应不少于总课时的1%～2%)。

(3)将安全教育纳入职工培训教育计划,负责组织并落实职工的安全技术培训和教育工作,并严格考核制度。

(4)建立受训人员的培训档案,严格培训管理制度。

(六)工会

建筑工程企业工会的安全生产责任:

(1)向全体员工宣传国家、行业或地方的安全生产方针、政策、法律、法规和相关标准,以及企业的安全生产规章制度,对员工进行遵规守章的安全意识和职业健康安全教育。

(2)监督企业的安全生产情况,参与安全生产的检查和评判。

(3)发现违章指挥,强令工人冒险作业,或发现事故隐患和职业危害,有权代表职工向企业主要负责人或现场负责人提出解决意见,如无效,应支持和组织职工停止施工,并向有关行政主管部门报告。

(4)把本单位安全生产和职业健康的议题,纳入职工代表大会的议程,并作出具体的决议。

(5)组织职工开展安全生产评选和竞赛活动,充分发挥全体职工的积极性,为安全生产献计献策,不断提高安全生产的技术和管理水平。

(6)鼓励职工举报安全隐患,并对职工的举报进行核实和及时上报。

(7)督促和协助企业负责人严格执行国家有关劳动保护的规定,不断改善职工的劳动条件。

(8)参加安全事故和职业病的调查工作,协助查清事故原因,总结经验教训,做到"四不放过"。

(9)有权代表职工和家属对事故责任人提出控告,追究其相应的责任,以维护职工的合法权益。

(七)项目经理部

建筑工程企业项目经理部的安全生产责任:

(1)项目经理部是安全生产工作的载体,具体组织和实施项目安全生产、文明施工、环境保护工作,对本项目工程的安全生产负全面责任。

(2)贯彻落实各项安全生产的法律、法规、规章、制度,组织实施各项安全管理工作,完成各项考核指标。

(3)建立并完善项目部安全生产责任制和安全考核评价体系,积极开展各项安全活动,监督、控制分包单位严格执行安全生产的规章制度,履行安全职责。

(4)发生伤亡事故及时上报有关部门,并做好事故现场保护,积极抢救伤员,认真配合事故调查组开展伤亡事故的调查和分析,按照"四不放过"的原则,落实整改防范措施,对责任人员进行处理。

(八)总承包单位

总承包单位除应承担本企业相应的安全生产责任外,对分包单位还应承担以下责任:

(1)审查分包单位的安全生产保证体系,对不具备安全生产条件的,不予发包。

(2)必须签订分包合同,并且在分包合同中明确各自的安全责任。

(3)施工前,应对分包单位进行详细的安全技术交底,并经双方签字确认。

(4)加强施工过程中的监督管理,发现违章操作和冒险作业,应立即勒令其停止作业,进行整改,必要时解除其分包资格。

(5)凡总承包单位的产值中包括分包单位完成的产值的,总承包单位要统计上报分包单位的安全事故情况,并按分包合同的规定,确定相应的责任。

(九)分包单位

建筑工程企业分包单位的安全生产责任:

(1)服从总承包单位的管理,接受总承包单位的安全检查,严格执行总承包单位的有关安全生产的规章制度。

(2)认真执行安全生产的各项法规、规章制度及安全操作规程,合理安排班组人员工作,对本单位人员在生产中的安全和健康负责。

(3)严格履行各项劳务用工手续,做好本单位人员的岗位安全培训,经常组织学习安全操作规程,监督本单位人员遵守劳动、安全纪律,做到不违章指挥,制止违章作业。

(4)根据总承包单位的交底向本单位各工种进行详细的书面安全交底,针对当天任务、作业环境等情况,做好班前安全例会,监督其执行情况,发现问题,及时纠正、解决。

(5)必须保持本单位人员的相对稳定,人员变更须事先经总承包单位的认可,新来人员应按规定办理各种手续,并经入场和上岗安全教育后方准上岗。

(6)参加总承包单位组织的安全生产和文明施工检查,并及时检查本单位人员作业现场安全生产状况,发现问题,及时纠正,重大隐患应立即上报有关部门和领导。

(7)发生因工伤亡及未遂事故,保护好现场,做好伤者抢救工作,并立即上报总承包单位有关领导。

(8)特殊工种必须经相关部门培训合格,持证上岗。

二、建筑工程企业主要人员的安全生产责任

(一)企业法人代表

企业是安全生产的责任主体,实行法人代表负责制。企业法人代表的安全生产责任:

(1)建立健全本单位安全生产责任制。

(2)组织制定本单位安全生产规章制度和操作规程。

(3)保证本单位安全生产投入的有效实施。

(4)督促、检查本单位的安全生产工作,及时消除生产安全事故隐患。

(5)组织制定并实施本单位的生产安全事故应急预案,组织开展应急预案培训、演练和宣

传教育。

（6）及时、如实报告生产安全事故。

（二）企业主要负责人

企业经理（厂长）和主管生产的副经理（副厂长）对本企业的劳动保护和安全生产负全面领导责任，其主要责任如下：

（1）认真贯彻执行劳动保护和安全生产的政策、法规和规章制度。

（2）定期分析研究、解决安全生产中的问题，定期向企业职工代表大会报告企业安全生产情况和措施。

（3）制定安全生产工作规划和企业的安全责任制等制度，建立健全安全生产保证体系。

（4）保证安全生产的投入及有效实施。

（5）组织审批安全技术措施计划并贯彻实施。

（6）定期组织安全检查和开展安全竞赛等活动，及时消除安全隐患。

（7）落实对职工进行安全和遵章守纪及劳动保护法制教育。

（8）督促各级管理人员和各职能部门的职工做好本职范围内的安全工作。

（9）总结与推广安全生产先进经验。

（10）及时、如实地报告生产安全事故，主持伤亡事故的调查分析，提出处理意见和改进措施，并督促实施。

（11）组织制定企业的安全事故救援预案，组织演练和实施。

（三）企业技术负责人（企业总工程师）

建筑工程企业技术责任人（企业总工程师）的安全生产责任：

（1）企业技术负责人对本企业劳动保护和安全生产的技术工作负领导责任。

（2）组织编制和审批施工组织设计，以及专项安全施工方案。

（3）负责提出改善劳动条件的技术和组织措施，并付诸实施。

（4）负责对职工进行安全技术教育。

（5）编制审查企业的安全操作技术规程，及时解决施工中的安全技术问题。

（6）参加重大伤亡事故的调查分析，提出技术鉴定意见和改进措施。

（7）组织并落实安全技术交底工作，并履行签字认可手续。

（8）负责安全技术资料的编制和审查等管理工作。

（四）项目经理

建筑工程企业项目经理的安全生产责任：

（1）对承包项目工程生产经营过程中的安全生产负全面领导责任。

（2）贯彻落实安全生产方针、政策、法规和各项规章制度，结合项目工程特点及施工全过程的情况，制定本项目部各项安全生产管理制度，或提出要求并监督其实施。

（3）在组织项目工程承包，聘用管理人员时，必须本着"安全第一"的原则，根据工程特点确定安全工作的管理体制和人员分工，并明确各部门和人员的安全责任和考核指标，支持、指导安全管理人员的工作。

（4）健全和完善用工管理手续，录用分包单位必须及时向有关部门申报，严格用工制度与管理，适时组织上岗安全教育，要对分包单位的健康与安全负责，加强劳动保护工作。

（5）组织落实施工组织设计中安全技术措施，监督项目工程施工中安全技术交底制度和设备、设施验收制度的实施。

（6）领导、组织施工现场定期的安全生产检查，发现施工生产中不安全因素，应组织制定措施，及时解决。对上级提出的安全生产技术与管理方面的问题，要定时、定人、定措施予以解决。

（7）发生事故，要做好现场保护与抢救工作，及时上报；组织、配合事故的调查，认真落实既定的防范措施，吸取事故教训。

（8）对分包单位加强文明安全管理，并对其进行检查和评定。

（五）项目技术负责人

建筑工程企业项目技术负责人的安全生产责任：

（1）对工程项目生产经营中的安全生产负技术责任。

（2）贯彻、落实安全生产方针、政策，严格执行安全技术规范、标准和规程。结合项目工程特点，主持项目工程的安全技术交底和开工前的全面安全技术交底。

（3）参加或组织编制项目施工组织设计，编制、审查施工方案时，要制定、审查安全技术措施，保证其具有可行性与针对性，并及时检查、监督、落实。

（4）主持制定技术措施计划和季节性施工方案的同时，制定相应的安全技术措施应监督执行。及时解决执行中出现的问题。

（5）工程项目应用新材料、新技术、新工艺，要及时上报，经批准后方可实施，同时要组织上岗人员的安全技术培训、教育。认真执行相应的安全技术措施与安全操作工艺、要求，预防施工中因易燃易爆物品引起的火灾、中毒或因新工艺实施中可能造成的事故。

（6）主持安全防护设施和设备的验收。发现设备、设施的不正确情况应及时采取措施。严格控制不合标准要求的防护设备、设施投入使用。

（7）参加企业和项目部组织的安全生产检查，对施工中存在的不安全因素，从技术方面提出整改意见和办法予以消除。

（8）对职工进行安全技术教育，及时解决安全达标和文明施工中的安全技术问题。

（9）参与并配合因工伤亡及重大未遂事故的调查，从技术上分析事故原因，提出防范措施、意见。

（10）加强分包单位的安全评定及文明施工的检查评定。

（六）项目安全总监

建筑工程企业项目安全总监的安全生产责任：

（1）在施工现场项目经理的直接领导下履行项目安全生产工作的监督管理职责。

（2）宣传贯彻安全生产方针政策、规章制度，推动项目安全组织保证体系的运行。

（3）督促实施施工组织设计、安全技术措施，实现安全管理目标，对项目各项安全生产管理制度的贯彻与落实情况进行检查与具体指导。

（4）组织分包单位安全专（兼）职人员开展安全监督与检查工作。

（5）查处违章指挥、违章操作、违反劳动纪律的行为和人员，对重大事故隐患采取有效的控制措施，必要时可采取局部或全部停产的非常措施。

（6）督促开展每周进行的安全生产活动和项目安全讲评活动。

（7）负责施工现场各级管理人员和各种操作人员的安全资格审查和管理工作。

（8）参与事故的调查与处理。

（七）项目安全管理员

建筑工程企业项目安全管理员的安全生产责任：

（1）在企业安全管理部门的领导下，负责施工现场的安全管理工作。

（2）做好安全生产的宣传教育工作，组织好安全生产、文明施工达标活动，经常性地开展安全检查。

（3）掌握施工进度及生产情况，及时发现施工中的不安全隐患，遇有危及人身安全或财产损失险情时，及时上报有关部门和人员，督促整改，必要时提出停工通知。

（4）按照施工组织设计方案中的安全技术措施，督促检查有关人员的贯彻执行。

（5）协助有关部门做好新工人、特种作业人员、变换工种人员的安全技术、安全法规及安全知识的培训、考核工作。

（6）制止违章指挥、违章作业的现象，并立即向有关人员报告。

（7）组织或参与进入施工现场的劳保用品防护设施、器具、机械设备的检验、检测及验收工作。

（8）参与本工程发生的伤亡事故的调查、分析、整改方案（或措施）的制定及事故登记和报告工作。

（八）项目施工员

建筑工程企业项目施工员的安全生产责任：

（1）认真执行上级有关安全生产规定，对所管辖班组（特别是分包单位）的安全生产负直接领导责任。

（2）认真执行安全技术措施及安全操作规程，针对生产任务特点，向班组（包括分包单位）进行书面安全技术交底，履行签字手续，并对规程、措施、交底要求执行情况经常检查，随时纠正违章作业行为。

（3）经常检查所管辖班组作业环境及各种设备、设施的安全状况，发现问题及时纠正解决。对重点、特殊部位施工，必须检查作业人员及安全设备、设施技术状况是否符合安全要求，严格执行安全技术交底，落实安全技术措施，并监督其执行，做到不违章指挥。

（4）每周或不定期组织一次所管辖班组学习安全操作规程，开展安全教育活动，接受安全部门或人员的安全监督检查，及时处理安全隐患，保证安全施工。

（5）对分管工程项目应用的符合审批手续的新材料、新工艺、新技术要组织作业工人进行安全技术培训；若在施工中发现问题，立即停止使用，并上报有关部门或领导。

（6）参加所管工程施工现场的脚手架、物料提升机、塔吊、外用电梯、模板支架、临时用电设备线路的检查验收，合格后方准使用。

（7）发现因工伤亡或未遂事故要保护好现场，立即上报。

（九）项目质量管理员

建筑工程企业项目质量管理员的安全生产责任：

（1）贯彻执行相关安全生产法规、规范、标准和规程，正确认识安全与质量的关系。

（2）督促班组人员遵守安全生产技术措施和有关安全技术操作规程，有责任制止违章指挥和违章作业。

（3）发现事故隐患，首先责令施工人员进行整改，或者停止作业，并及时汇报给项目技术负责人和安全员进行处理，并跟踪整改落实情况。

（4）发生事故后，要立即上报，并保护现场，参与调查与分析。

（十）项目材料员

建筑工程企业项目材料员的安全生产责任：

（1）贯彻执行有关安全生产的法规、规范、标准和规程，树立良好的工作作风，做好本职工作。

（2）熟悉建筑施工安全防护用品、设施、器具的有关标准、性能、技术参数、检验检测方法、质量鉴别。

（3）对采购的安全防护用品、设施、器具、材料、配件的质量负有直接的安全责任。禁止采购影响安全的不合格材料和用品。

（4）做好安全防护用品、施工机具等入库的保养、保管、发放、检查等管理工作，对不合格的产品有权拒绝进入施工现场。

（5）查验采购产品的生产许可证、质量合格证、安检证或复检报告。

（6）配合安检部门做好安全防护用品的抽检工作，发现质量问题及时向有关人员反映，确保安全防护产品的安全、可靠。

（十一）项目预算员

建筑工程企业项目预算员的安全生产责任：

（1）熟悉并遵守国家、地方等有关部门的安全生产法规、规范、标准和规程。

（2）按《建筑施工安全检查标准》和工程项目实际，编制安全技术措施费用清单，并按计划准确地提供给财务部门。

（3）审核材料员所提供的安全防护产品备料清单是否符合项目实际需要及是否列入计划。

（4）根据工伤事故报告和事故情况，准确地做好安全事故所带来的直接损失、间接损失及整改所需费用的计算。

（5）对所购入的安全防护产品因质量问题带来的经济损失，应及时向项目经理汇报，并建议追查有关人员或厂家的责任，挽回经济损失。

（十二）班组长

建筑工程企业班组长的安全生产责任：

（1）班组长要模范遵守安全生产的规章制度，对本班的安全生产负领导责任。

（2）认真遵守安全操作规程和有关安全生产制度。根据本组人员的技能、体能和思想等实际情况，合理安排工作，认真执行安全技术交底制度，有权拒绝违章作业。

（3）组织做好日常安全生产管理，开好班前、班后安全会，支持班组安全员的工作，对新进工人进行现场第三级安全教育，并在未熟悉工作环境前，指定专人帮助其做好本身的安全工作。

（4）组织本组人员学习安全规程和制度，服从指挥，不违章蛮干，不擅自动用机械、电气、脚手架等设备。

（5）班前对所使用的机具、设备、防护用具及作业环境进行安全检查，发现问题立即采取措施，及时消除事故隐患。对不能解决的问题要采取临时控制措施，并及时上报。

（6）发生工伤事故立即组织抢救和上报，并保护好事故现场，事后要组织全体人员认真分析，总结教训，提出防范措施。

（7）听从专职安全员的指导，接受改进意见，教育全班组人员坚守岗位，严格执行安全规程和制度。

（8）充分调动全组人员的积极性，提出促进安全生产和改善劳动条件的合理化建议。

（十三）操作工人

建筑工程企业操作工人的安全生产责任：

(1)认真学习,严格执行安全技术操作规程,模范遵守安全生产规章制度。

(2)自觉接受安全教育培训,认真学习和掌握本工种的安全操作规程及相关安全知识,努力提高安全知识和技能。

(3)积极参加安全活动,认真执行安全交底,不违章作业,服从安全人员的指导。

(4)发扬团结友爱精神,在安全生产方面做到互相帮助、互相监督,对新工人要积极传授安全生产知识,维护一切安全设施和防护用具,做到正确使用,不准拆改。

(5)对不安全作业要积极提出意见,并有权拒绝违章指令。

(6)正确使用防护用品和安全设施、工具,爱护安全标志,进入施工现场要戴好安全帽,高空作业系好安全带。

(7)随时检查工作岗位的环境和使用的工具、材料、电气、机械设备,做好文明施工和所负责机具的维护保养工作,发现隐患及时处理或上报。

(8)发生伤亡和未遂事故,保护现场并立即上报。

通过以上叙述,应当比较容易看出:安全生产管理绝对不是某一个部门或某几个部门的任务,更不是某一个人(如安全员)或某几个人的事情,而是建筑工程企业各部门以及全员参与的一项管理任务,这也是"综合治理"在建筑工程企业内的具体反映。

任务 2　掌握建筑工程现场安全生产的基本要求

经过多年工程实践经验的总结,我国制定了一系列行之有效的安全生产基本规章制度。

一、安全生产六大纪律

(1)进入现场必须戴好安全帽,扣好帽带,并正确使用个人劳动防护用品。

(2)2 m 以上的高处作业、悬空作业、临边作业等必须采取相应的安全措施。

(3)高处作业时,不准往下或向上乱抛材料和物品。

(4)各种电动机械设备必须有可靠有效的安全接零(地)和防雷装置,方可使用。

(5)不懂电气和机械的人员,严禁使用和玩弄机电设备。

(6)吊装区域非操作人员严禁入内,吊装机械必须完好,吊臂垂直下方严禁站人。

二、施工现场"五要"

(1)施工要围挡。

(2)围挡要美化。

(3)防护要齐全。

(4)排水要有序。

(5)图牌要规范。

三、施工现场"十不准"

(1)不准从正在起吊、运吊中的物件下通过。

(2)不准从高处往下跳或奔跑作业。

(3)不准在没有防护的外墙和外壁板等建筑物上行走。

(4)不准站在小推车等不稳定的物体上操作。

(5)不得攀登起重臂、绳索、脚手架、井字架、龙门架和随同运料的吊盘及吊装物上下。

(6)不准进入挂有"禁止入内"或设有危险警示标志的区域、场所。

(7)不准在重要的运输通道或上下行走通道上逗留。

(8)未经允许不准私自进入非本单位作业区域或管理区域,尤其是存有易燃、易爆物品的场所。

(9)不准在无照明设施、无足够采光条件的区域、场所内行走、逗留和作业。

(10)不准无关人员进入施工现场。

四、安全生产十大禁令

(1)严禁穿木屐、拖鞋、高跟鞋及不戴安全帽人员进入施工现场作业。

(2)严禁一切人员在提升架、提升机的吊篮下或吊物下作业、站立、行走。

(3)严禁非专业人员私自开动任何施工机械及驳接、拆除电线、电器。

(4)严禁在操作现场(包括车间、工地)玩耍、吵闹和从高处抛掷材料、工具、砖石等一切物件。

(5)严禁土方工程的掏空取土及不按规定放坡或不加支撑的深基坑开挖施工。

(6)严禁在不设栏杆或无其他安全措施的高处作业。

(7)严禁在未设安全措施的同一部位上同时进行上下交叉作业。

(8)严禁带小孩进入施工现场(包括车间、工地)作业。

(9)严禁在靠近高压电源的危险区域进行冒进作业及不穿绝缘鞋进行水磨石等作业,严禁用手直接提拿灯头。

(10)严禁在有危险品、易燃易爆品的场所和木工棚、仓库内吸烟、生火。

五、十项安全技术措施

(1)按规定使用"三宝"。

(2)机械、设备安全防护装置一定要齐全、有效。

(3)塔吊等起重设备必须有符合要求的安全保险装置,严禁带病运转、超载作业和使用中维护保养。

(4)架设用电线路必须符合相关规定,电器设备必须要有安全保护装置(接地、接零和防雷等)。

(5)电动机械和手动工具必须设置漏电保护装置。

(6)脚手架的材料及搭设必须符合相关技术规程的要求。

(7)各种揽风绳及其设施必须符合相关技术规程要求。

(8)在建工程的桩孔口、楼梯口、电梯口、通道口、预留孔洞口等必须设置安全防护设施。

(9)严禁赤脚、穿拖鞋或高跟鞋进入施工现场,高处作业不准穿硬底鞋和带钉及易滑的鞋。

(10)施工现场的危险区域应设安全警示标志,夜间要设红灯警示。

六、防止违章操作和事故发生的十项操作规定

(1)新工人未经三级安全教育,复工换岗人员和进入新工地人员未经安全教育,不得上岗

操作。

(2)特殊工种人员和机械操作工等未经专门的安全培训,无有效的安全操作证书,严禁施工操作。

(3)施工环境和专业对象情况不清,施工前无安全措施和安全技术交底,严禁操作。

(4)新技术、新工艺、新设备、新材料、新岗位无安全措施,未进行安全培训教育和交底,严禁操作。

(5)安全帽、安全带等作业所必需的个人防护用品不落实,不盲目操作。

(6)脚手架、吊篮、塔吊、井字架、龙门架、外用电梯、起重机械、电焊机、钢筋机械、木工机械、搅拌机、打桩机等设施设备和现浇混凝土模板支撑,搭设安装后,未经相关人员验收合格,并签字认可,严禁操作。

(7)作业场所安全防护措施不落实,安全隐患不排除,威胁人身和财产安全时,严禁操作。

(8)凡上级或管理干部违章指挥,有冒险作业情况时,不盲目操作。

(9)高处作业、带电作业、禁火区作业、易燃易爆作业、爆破性作业、有中毒或窒息危险的作业和科研实验等其他危险作业的,均应由上级指派,并经安全交底;未经指派批准、未经安全交底和无安全防护措施,不盲目操作。

(10)隐患未排除,有伤害自己、伤害他人或被他人伤害的不安全因素存在时,不盲目操作。

七、防止触电伤害的十项基本安全操作要求

(1)非电工严禁私拆乱接电气线路、插头、插座、电气设备、电灯等。

(2)使用电气设备前必须检查线路、插头、插座、漏电保护装置是否完好。

(3)电气线路或机具发生故障时,应由电工处理,非电工不得自行修理或排除故障;对配电箱、开关箱进行检查、维修时,必须将其前一级相应的电源开关分闸断电,并悬挂停电标志牌,严禁带电作业。

(4)使用振捣器等手持电动机械和其他电动机械从事潮湿作业时,要由电工接好电源,安装漏电保护器,电压应符合要求,安全操作者必须穿戴好绝缘鞋、绝缘手套后再进行作业。

(5)搬迁或移动电气设备必须先切断电源。

(6)搬运钢筋、钢管及其他金属物时,严禁触碰到电线。

(7)禁止在电线上挂晒物料。

(8)禁止使用照明器取暖、烘烤,禁止擅自使用电炉等大功率电器和其他加热器。

(9)在架空输电线路附近施工时,应停止输电,不能停电时,应有隔离措施,并保持安全距离,防止触碰。

(10)电线不得在地面、施工楼面随意拖拉,若必须经过地面、楼面时,应有过路保护,人、车及物料不准踏、碾、磨电线。

八、起重吊装"十不吊"规定

(1)指挥信号不明或违章指挥不吊。

(2)超载或吊物重量不明不吊。

(3)吊物捆扎不牢或零星物件不用盛器堆放稳妥、叠放不齐,不吊。

(4)吊物上有人或起重臂吊起的重物下面有人停留或行走,不吊。

(5)安全装置不灵不吊。

(6)埋在地下的物件不吊。

(7)光线阴暗、视线不清不吊。

(8)棱角物件无防护措施不吊。

(9)歪拉斜挂物件不吊。

(10)六级以上强风作业不吊。

九、防止机械伤害的"一禁、二必须、三定、四不准"

(1)严禁不懂电器和机械的人员使用和摆弄机电设备。

(2)机电设备应完好,必须有可靠有效的安全防护装置。

(3)机电设备停电、停工休息时,必须拉闸关机,开关箱按要求上锁。

(4)机电设备应做到定人操作、定人保养、定人检查。

(5)机电设备应做到定机管理、定期保养。

(6)机电设备应做到定岗位和岗位职责。

(7)机电设备不准带病运转。

(8)机电设备不准超负荷运转。

(9)机电设备不准在运转时维修保养。

(10)机电设备运行时,不准操作人员将手、头、身体伸入运转的机械行程范围内。

十、气割、气焊的"十不烧"

(1)焊工必须持证上岗,无金属焊接、切割特种作业证书的人员,不准进行气割气焊作业。

(2)凡属一、二、三级动火范围的气割、气焊,未经办理动火审批手续,不准进行气割、气焊。

(3)焊工不了解气割、气焊现场周围的情况,不准进行气割、气焊。

(4)焊工不了解焊件内部是否安全时,不准进行气割、气焊。

(5)各种装过可燃性气体、易燃易爆液体和有毒物质的容器,未经彻底清洗或采取有效的安全防护措施之前,不准进行气割、气焊。

(6)用可燃材料作保温层、冷却层、隔热层的部位,或火星能溅到的地方,在未采取切实可靠的安全措施之前,不准气割、气焊。

(7)气割、气焊部位附近有易燃易爆物品,在未作清理或采取有效的安全措施之前,不准气割、气焊。

(8)有压力或封闭的管道、容器,不准气割、气焊。

(9)附近有与明火作业相抵触的工种作业时,不准气割、气焊。

(10)与外单位相连的部位,在没有弄清险情,或明知存在危险而未采取有效的安全防范措施之前,不准气割、气焊。

十一、防止车辆伤害的十项基本安全操作规定

(1)未经劳动、公安部门培训合格并持证上岗或不熟悉车辆性能的人员,严禁驾驶车辆。

(2)应坚持做好车辆的日常保养工作,车辆制动器、喇叭、转向系统、灯光等影响安全的部件如运作不良,不准出车。

(3)严禁翻斗车、自卸车车厢乘人,严禁人货混装,车辆载货应不超载、超高、超宽,捆扎应牢固可靠,应防止车内物体失稳跌落伤人。

(4)乘坐车辆应坐在安全处,头、手、身不得露出车厢外,要避免车辆启动、制动时跌倒。

(5)车辆进出施工现场,在场内掉头、倒车,在狭窄场地行驶时应有专人指挥。

(6)车辆进入施工现场要减速,并做到"四慢"即:道路情况不明要慢,线路不良要慢,起步、会车、停车要慢,在狭路、桥梁、弯路、坡路、岔道、行人拥挤地点及出入大门时要慢。

(7)在临近机动车道的作业区和脚手架等设施,以及在道路中的路障应加设安全色标、安全标志和防护措施,并要确保夜间有充足的照明。

(8)装卸车作业时,若车辆停在坡道上,应在车轮两侧用楔形木块加以固定。

(9)人员在场内机动车道应避免右侧行走,并做到不并排结队而行;避让车辆时,禁止避让于两车交会之中,不站于旁有堆物无法退让的死角。

(10)机动车辆不得牵引无制动装置的车辆,牵引物体时物体上不得有人,人不得进入正在牵引的物与车之间;坡道上牵引时,车和被牵引物下方不得有人停留和作业。

任务3 掌握建筑工程安全技术措施及审查

一、一般建筑工程安全技术措施

(一)单位工程施工组织设计(或施工规划)中的安全技术措施

单位工程施工组织设计是规划和指导拟建工程从准备到竣工验收全过程的技术经济文件。施工单位在编制单位工程施工组织设计时,应当根据工程特点制定相应的安全技术措施。安全技术措施要针对工程特点、施工方法、施工工艺、作业条件以及人员素质等因素,按施工部位列出施工的危险点,对照各危险源制定具体的防护措施和安全作业注意事项,并将各种防护设施的用料计划和验算结果一并纳入施工组织设计,安全技术措施必须经上级主管领导审批,并经相关部门和人员会签。

保证安全施工的技术措施,可从以下几个方面考虑:

(1)保证土石方边坡稳定的措施。

(2)防止各类物体坠落伤人的措施。

(3)脚手架、吊篮、安全网等的位置及各类高处作业防止坠落的措施。

(4)外用电梯、井架及塔吊等垂直运输机械的拉结要求和防倒塌措施。

(5)安全用电和机电设备防短路、防触电的措施。

(6)施工机具的安全使用措施。

(7)易燃易爆及有毒作业场所的防火、防爆、防毒措施。

(8)季节性施工的安全措施,如雨季的防雨、防洪,夏季的防暑、降温,冬季的防滑、防火等措施。

(9)现场周围通行道路及居民保护隔离措施。

(10)保证安全施工的组织与管理措施,如安全教育、安全宣传及检查制度等。

(二)分部(分项)工程安全技术交底

安全技术交底工作是由施工单位项目技术负责人主持,向施工工长、班组长、施工作业人员等进行职责落实的法律要求,它是在施工方案的基础上进行的,是按照施工方案的要求,对施工方案进行的细化和补充,也是对操作者的安全注意事项的说明,保证操作者的人身安全。要严肃认真地进行,不能仅表现于形式。

安全技术交底工作应当在正式作业前进行,不但要口头讲解,同时要有书面文字材料,并履行签字手续,由项目技术负责人、生产班组长、现场安全管理员三方签字并各留一份。

安全技术交底的内容主要包括工程概况、施工的部位、作业特点、施工方法及要求、危险点安全隐患、安全操作规程、安全注意事项和要求、安全技术措施,以及发生事故后应及时采取的避难和应急救援方法等内容。交底内容不能过于简单、千篇一律、口号化,应按分部(分项)工程和针对作业条件的变化具体进行。

安全技术交底可以与质量交底、施工进度交底等同步进行。

二、危险性较大建筑工程的专项施工方案

《建设工程安全生产管理条例》规定,对达到一定规模的危险性较大的分部(分项)工程应当由施工单位组织编制安全专项施工方案,并附具安全验算结果,经施工单位技术负责人、总监理工程师签字后实施,由专职安全生产管理人员进行现场监督,其中特别重要的专项施工方案还必须组织专家进行论证、审查。建设部发布的《危险性较大工程安全专项施工方案编制及专家论证审查办法》(建质[2004]213号)对需进行论证审查的范围作了进一步的明确。

(一)编制范围

依据《建设工程安全生产管理条例》,对于危险性较大工程应当在施工前单独编制安全专项施工方案。危险性较大工程有以下7种:

1. 基坑支护与降水工程

基坑支护工程是指开挖深度超过5 m(含5 m)的基坑(槽)并采用支护结构施工的工程;或基坑虽未超过5 m,但地质条件和周围环境复杂、地下水位在坑底以上等工程。

2. 土方开挖工程

土方开挖工程是指开挖深度超过5 m(含5 m)的基坑、槽的土方开挖。

3. 模板工程

各类工具式模板工程,包括滑模、爬模、大模板等;水平混凝土构件模板支撑系统及特殊结构模板工程。

4. 起重吊装工程

5. 脚手架工程

脚手架工程具体包括高度超过24 m的落地式钢管脚手架;附着式升降脚手架,整体提升与分片式提升;悬挑式脚手架;门型脚手架;挂脚手架;吊篮脚手架;卸料平台等。

6. 拆除、爆破工程

采用人工、机械拆除或爆破拆除的工程。

7. 其他危险性较大的工程

具体包括:建筑幕墙的安装施工;预应力结构张拉施工;隧道工程施工;桥梁工程施工(含架桥);特种设备施工;网架和索膜结构施工;6 m以上的边坡施工;大江、大河的导流、截流施工;港口工程、航道工程;采用新技术、新工艺、新材料,可能影响建设工程质量安全,已经行政许可,尚无技术标准的施工等。

建筑工程企业专业工程技术人员编制的安全专项施工方案,由施工企业技术部门的专业技术人员及监理单位专业监理工程师进行审核,审核合格,由施工企业技术负责人、监理单位总监理工程师签字后,方可实施。

(二)编制原则

安全专项施工方案的编制,必须考虑现场的实际情况、施工特点及周围作业环境,措施要有针对性。凡施工过程中可能发生的危险因素及建筑物周围外部环境的不利因素等,都必须从技术和组织上采取具体且有效的措施予以防范。

安全专项施工方案除应包括相应的安全技术措施外,还应当包括监控措施、应急方案以及紧急救护措施等内容。

(三)审查

(1)建筑工程企业专业工程技术人员编制的安全专项施工方案,由施工企业技术部门的专业技术人员及监理单位专业监理工程师进行审核,审核合格,由施工企业技术负责人、监理单位总监理工程师签字后,方可实施。

(2)专家论证审查。对于满足以下条件的建筑工程,建筑工程企业在编制专项施工方案的基础上,还应当组织专家组进行论证、审查。

1)深基坑工程。开挖深度超过 5 m(含 5 m)或地下室三层以上(含三层),或深度虽未超过 5 m(含 5 m),但地质条件和周围环境及地下管线极其复杂的工程。

2)地下暗挖工程。地下暗挖及遇有溶洞、暗河、瓦斯、岩爆、涌泥、断层等地质复杂的隧道工程。

3)高大模板工程。水平混凝土构件模板支撑系统高度超过 8 m,或跨度超过 18 m,施工总荷载大于 10 kN/m^2,或集中线荷载大于 15 kN/m^2 的模板支撑系统。

4)30 m 及以上高空作业的工程。

5)大江、大河中深水作业的工程。

6)城市房屋拆除爆破和其他土石大爆破工程。

安全专项施工方案专家组必须提出书面论证审查报告,施工企业应根据论证审查报告进行完善。

(3)对专家论证小组的规定。按照《危险性较大工程安全专项施工方案编制及专家论证审查办法》的规定,专家论证小组必须符合以下要求:

1)建筑工程企业应当组织不少于 5 人的专家组,对已编制的安全专项施工方案进行论证审查。

2)安全专项施工方案专家组必须提出书面论证审查报告,施工企业应根据论证审查报告进行完善,施工企业技术负责人、总监理工程师签字后,方可实施。

3)专家组书面论证审查报告应作为安全专项施工方案的附件,在实施过程中,施工企业应严格按照安全专项方案组织施工。

(四)实施

施工过程中,施工单位必须严格遵照安全专项施工方案组织施工,具体应做到:

(1)施工前,应严格执行安全技术交底制度,进行分级交底。

(2)相应的施工设备和设施搭建、安装完成后,要组织有关人员进行验收,合格后方可投入使用。

（3）施工中，对安全施工方案要求的监测项目（如沉降量、垂直度等），要落实监测，及时反馈信息。

（4）对危险性较大的作业，还应安排专业人员进行现场安全监控管理。

（5）施工完成后，应及时对安全专项施工方案进行总结。

任务 4　掌握应急救援预案与事故急救

一、事故应急救援预案与管理

事故应急救援，是指在发生事故时，采取有效地消除、减少事故危害和防止事故扩大，最大限度降低事故损失的措施。

事故应急救援预案（又称应急预案、应急方案）是根据预测危险源，并分析危险源可能发生事故的类别、危害程度等内容，而事先制定具有针对性的应急救援措施，使一旦事故发生时能够采取及时、有效、有序的应急救援行动。它是安全管理体系的重要组成部分，也是建筑工程安全管理的重要文件。

事故应急救援预案有 3 个方面的含义：一是事故预防：通过危险辨识、事故后果分析，采用技术和管理手段降低事故发生的可能性，且使可能发生的事故控制在局部，防止事故蔓延；二是应急处理：当事故（或故障）一旦发生，有应急处理程序和方法，能快速反应处理故障或将事故消除在萌芽状态；三是抢险救援：采用预定的现场抢险和抢救的方式，控制或减少事故造成的损失。

企业应急管理是指对企业生产经营中的各种安全生产事故和可能给企业带来人员伤亡、财产损失的各种外部突发公共事件，以及企业可能给社会带来损害的各类突发公共事件的预防、处置和恢复重建等工作，是企业管理的重要组成部分。加强企业应急管理，是企业自身发展的内在要求和必须履行的社会责任。

为进一步加强企业应急管理工作，《国务院关于全面加强应急管理工作的意见》（国发[2006]24 号）明确规定了应急管理的目标：各级各类生产经营企业应在 2007 年底前全面完成应急预案编制工作；建立健全企业应急管理组织体系，把应急管理纳入企业管理的各个环节；形成上下贯通、多方联动、协调有序、运转高效的企业应急管理机制；建立起训练有素、反应快速、装备齐全、保障有力的企业应急队伍；加强企业危险源监控，实现企业突发公共事件预防与处置的有机结合；政府有关部门完善相关法规和政策措施；企业应对事故灾难、自然灾害、公共卫生事件和社会安全事件的能力得到全面提高。

建筑工程企业建立应急救援预案是我国构建安全生产的"六个支撑体系"之一（其余五个分别是法律法规、信息、技术保障、宣传教育、培训），具有强制性，它是减少因事故造成的人员伤亡和财产损失的重要措施，也是由建筑工程事故（突发事件）的突发性和复杂性所决定的必要安全管理制度。

《安全生产法》《安全生产违法行为处罚办法》规定生产经营单位的主要负责人未组织制定并实施本单位生产安全事故应急救援预案的，责令限期改正，逾期未改正的，责令生产经营单位停产停业整顿；未按照规定如实向从业人员告知作业场所和工作岗位存在的危险因素、防范措施以及事故应急措施的,责令限期改正,逾期未改正的,责令停产停业整顿,可以并处2万元以下的罚款;危险物品的生产、经营、储存单位以及矿山企业、建筑工程单位未建立应急救援组织的;未配备必要的应急救援器材、设备,并进行经常性维护、保养,保证正常运转的,责令改正,可以并处1万元以下的罚款。

二、应急预案的分级

除生产经营单位应当制定应急救援预案外,《安全生产法》规定县级以上地方各级人民政府应当组织有关部门制定本行政区域内特大生产安全事故应急救援预案,建立应急救援体系。根据应急救援预案的权利机构不同,应急救援预案分为5个级别:

(一)Ⅰ级(企业级)

事故的有害影响仅局限于某个生产经营单位的厂界内,并且可被现场的操作者遏制和控制在该区域内。这类事故可能需要投入整个单位的力量来控制,但预期其影响不会扩大到社区(公共区)。

(二)Ⅱ级(县、市级)

事故的影响可能扩大到公共区,但可被该县(市、区)的力量,加上所涉及的生产经营单位的力量所控制。

(三)Ⅲ级(市、地级)

事故影响范围大、后果严重或是发生在两个县或县级市管辖区边界上的事故,应急救援需动用地区力量。

(四)Ⅳ级(省级)

对可能发生的特大火灾、爆炸、毒物泄漏等事故、特大矿山事故以及属省级特大事故隐患、重大危险源的设施或场所,应建立省级事故应急预案。它可能是一种规模较大的灾难事故,或是一种需要用事故发生地的城市或地区所没有的特殊技术和设备进行处理的特殊事故。这类意外事故需用全省范围内的力量来控制。

(五)Ⅴ级(国家级)

事故后果超过省、直辖市、自治区边界,以及列为国家级事故隐患、重大危险源的设施或场所,应制定国家级应急预案。

三、事故应急救援预案的编制

(一)应急救援预案编制的宗旨

(1)采取有效的预防措施,把事故控制在局部,消除蔓延条件,防止突发性、重大或连锁事故的发生。

(2)能在事故发生后迅速有效地控制和处理事故,尽力减轻事故对人、财产和环境造成的影响。

(二)应急救援预案编制的原则

1.目的性原则

制定的应急救援预案必须明确编制的目的,并具有针对性,不能局限于形式。

2.科学性原则

制定应急救援预案应当在全面调查研究的基础上,进行科学的分析和论证,制定出统一、完整、严密、迅速的应急救援方案,使预案具有科学性。

3. 实用性原则

制定的应急救援预案必须讲究实效。应急救援预案应符合企业、施工现场和环境的实际情况,具有实用性和可行性。

4. 权威性原则

救援工作是一项紧急状态下的应急性工作,所制定的应急救援预案应明确救援工作的管理体系,明确救援行动的组织指挥权限和各级救援组织的职责和任务等一系列的行政性管理规定。应急预案一旦启动,各相关部门和人员必须服从指挥,协调配合,迅速投入应急救援之中。

5. 从重、从大的原则

制定的事故应急救援预案要从本单位可能发生的最高级别或重大事故考虑,不能避重就轻、避大就小。

6. 分级的原则

事故应急救援预案必须分级制定、分级管理和实施。

(三)应急救援预案的编制内容

以建筑工程企业为例,事故应急救援预案编写应包括以下主要内容:

(1)编制目的及原则。

(2)危险性分析,包括项目概况和危险源情况等内容。

(3)应急救援组织机构及职责,包括应急救援领导小组及职责和应急救援下设机构及职责等内容。

(4)预防与预警,预防应包括土方坍塌、高处坠落、触电、机械伤害、物体打击、火灾、爆炸等事故的预防措施;预警应包括事故发生后的信息报告程序等内容。

(5)应急响应,包括坍塌事故应急处置、大型脚手架及高处坠落事故应急处置、触电事故应急处置、电焊伤害事故应急处置、车辆火灾事故应急处置、重大交通事故应急处置、火灾和爆炸事故应急处置、机械伤害事故应急处置等内容。

(6)应急物资及装备,包括应急救援所需的人员、物资、资金和技术等。

(7)预案管理,包括培训及演练等。

(8)预案修订与完善。

(9)相关附件。

(四)应急救援预案编制的程序

1. 编制的组织

《安全生产法》第十七条规定:生产经营单位的主要负责人具有组织制定并实施本单位的生产事故应急救援预案的职责。具体到施工项目上,项目经理应是应急救援预案编制的责任人,项目技术负责人、施工员、安全员、质检员等技术管理人员应当参与编制工作。

2. 编制的程序

(1)成立应急救援预案编制小组并进行分工,拟订编制方案,明确职责。

(2)根据需要收集相关资料,包括施工区域的气象、地理、水文、环境、人口、危险源分布情况、社会公用设施和应急救援力量现状等资料。

(3)进行危险辨识与风险评价。

(4)对应急资源进行评估(包括软件、硬件)。

(5)确定指挥机构和人员及其职责。

(6)编制应急救援预案。

(7)对应急救援预案进行评估。

(8)修订、完善并形成应急救援预案的文件体系。

(9)按规定将预案上报有关部门和相关单位审核批准。

(10)对应急救援预案进行修订和维护。

四、应急救援预案的演练与事故急救

(一)演练的目的

演练是应急救援预案管理的重要组成部分。演练的主要目的:

(1)测试应急预案和启动程序的完整程度,在事故发生前暴露预案的缺陷,并加以完善。

(2)测试紧急装置、设备、机具等资源供应和使用情况,识别出缺乏的资源(包括人力、材料、设备、机具和技术等)。

(3)明确每个人在救援中的岗位和职责,增强应急救援人员的信心和熟练程度。

(4)提高整体应急反应能力,以及现场内外应急部门的协同配合能力。

(5)提高公众应急意识,在企业应急管理的能力方面获得全体职工的认可和信心。

(6)提高各相关部门、机构和人员之间的协调能力,努力协调企业应急救援预案与政府、社区和其他外部机构应急救援预案之间的合作。

(7)通过演练,使全体员工熟练掌握事故预防和急救的业务技能,保障安全生产的顺利进行。

(二)演练的要求与形式

工程项目部按照假设的事故情景,每季度至少组织一次现场实际演练,将演练方案及经过记录在案。

演练的形式有单项演练、组合演练以及综合演练等。

1.单项演练

单项演练是为了熟练掌握某项应急操作或完成某种特定任务所需的应急救援技能而进行的演练。这种单项演练或演习是在完成对基本知识的学习之后才进行的。例如,报告的程序、坠落急救、火灾扑救等。

2.组合演练

组合演练是一种检查内部应急救援组织之间及其与外部应急救援组织之间的相互协调性而进行的应急救援演练。例如,事故急救与疏散、报警与公众撤离等。

3.综合演练或称全面演练

综合演练是应急救援预案内规定的所有相关单位或其中绝大多数单位参加的,为全面检查其执行预案状况而进行的演练。其目的是验证各应急救援组织的应急救援反应和急救能力,检查相互之间协调的能力,以及检验各类组织能否充分利用现有的人力、物力等资源,减少事故带来的损失,确保公众安全与健康的能力。这种演习可以综合展示和检验各级、各部门应急救援预案的执行情况。

以上任何一种演练结束后,都应认真总结,肯定成绩,表彰先进,鼓舞士气。同时,对演练过程中发现应急预案的不足和缺陷,要及时按程序予以修订和完善。

(三)演练的具体内容

演练的基本内容:要求应急人员了解和掌握如何识别危险、如何采取必要的应急措施、如何启动紧急警报系统、如何安全疏散人群等基本操作,尤其是对坍塌、高处坠落、物体打击、触电、机械伤害和火灾等应急演练,更要加强有关操作的训练,强调危险事故的不同应急方法和注意事项等内容。

常规的基本演练及应急救援内容和要求如下:

1. 报警的演练

(1)使应急人员了解并掌握如何利用身边的工具最快、最有效地报警,比如使用移动电话(手机)、固定电话或其他方式(哨音、警报器、钟声)报警。

(2)使全体人员熟悉发布紧急情况通告的方法,如使用警笛、警钟、汽笛、电话或广播等。

2. 疏散的演练

为避免事故中发生不必要的人员伤亡,要求作业人员掌握事故发生后紧急疏散的常识和方法。同时,应培训足够的应急人员在事故现场安全、有序地疏散被困人员或周围群众。

3. 坍塌事故应急救援演练与急救

(1)坍塌事故发生后,安排专人及时切断有关闸门,并立即组织抢险人员尽快到达事故现场。根据具体情况,采取人工和机械相结合的方法,对坍塌现场进行处理。抢救中如遇到坍塌巨物,人工搬运有困难时,可调集大型的机械进行急救。在接近边坡处时,必须停止机械作业,全部改用人工扒物,防止误伤被埋人员。现场抢救中,还要安排专人对边坡、架料进行监护和清理,防止事故扩大,同时对现场进行声像资料的收集。

(2)事故现场周围应设警戒线,并及时将事故情况上报有关部门和人员。

(3)坚持统一指挥、密切协同的原则。坍塌事故发生后,参战的组织和人员较多,现场情况复杂,各种组织和人员需在现场总指挥部的统一指挥下,积极配合、密切协同,共同完成救援任务。

(4)坚持以快制快、行动果断的原则。鉴于坍塌事故有突发性,在短时间内不易处理,处置行动必须做到接警调度快、到达快、准备快、疏散救人快,达到以快制快的目的。

(5)强调科学施救、稳妥可靠的原则。解决坍塌事故要讲科学,避免急躁行动引发连续坍塌事故的发生。

(6)坚持救人第一的原则。当现场遇有人员受到威胁时,首要任务是抢救人员。

(7)伤员抢救时应立即与附近急救中心和医院联系,请求出动急救车辆并做好急救准备,确保伤员得到及时医治。

(8)保护物证的原则。事故现场取证救助行动中,安排人员同时做好事故调查取证工作,以利于事故的后期调查和处理,防止证据遗失。

(9)坚持自我保护原则。在救助行动中,抢救机械设备和救助人员应严格执行安全操作规程,配齐安全设施和防护工具,加强自我保护,确保抢救行动过程中的人身安全和财产安全。

4. 高处坠落的应急救援演练与急救

(1)救援人员首先根据伤者受伤部位立即组织抢救,促使伤者快速脱离危险环境,送往医院救治,并保护现场,察看事故现场周围有无其他危险源存在。

(2)在抢救伤员的同时迅速向上级报告事故现场情况。

(3)抢救受伤人员时几种情况的处理。

——如确认人员已死亡,立即保护现场。

——如发生人员昏迷、伤及内脏、骨折及大量失血,应首先立即联系120急救车或距现场最近的医院,并说明伤情,为取得最佳抢救效果,还可根据伤情送往专科医院;其次,若外伤大出血,在急救车未到前,现场采取有效的止血措施;另外,若发生骨折,应注意搬运时的保护,对昏迷、可能伤及脊椎、内脏或伤情不详者一律用担架或平板,禁止用搂、抱、背等方式运输伤员。

——一般性伤情送往医院检查,防止破伤风。

5.触电事故应急救援的演练与急救

(1)截断电源,关上插座上的开关或拔除插头,如果够不着插座开关,就关上总开关,切勿关错一些电器用具的开关,因为该开关可能正处于漏电保护状态。

(2)若无法关上开关,可站在绝缘物上,如一叠厚报纸、塑料布、木板之类,或用扫帚或木椅等非导电体将伤者拨离电源,或用绳子、裤子或任何干布条绕过伤者腋下或腿部,把伤者拖离电源。切勿用手触及伤者,也不要用潮湿的工具或金属物质把伤者拨开,更不要使用潮湿的物件拖动伤者。

(3)如果患者呼吸心跳停止,应立即进行人工呼吸和胸外心脏按压。切记不能给触电的人注射强心针。若伤者昏迷,则将其身体放置成卧式。

(4)若伤者曾经昏迷、身体遭烧伤、或感到不适,必须打电话叫救护车,或立即送伤者到医院急救。

(5)高空出现触电事故时,应立即截断电源,并注意触电后的保护,避免二次伤害。把伤员抬到附近平坦的地方,立即对伤员进行急救。

(6)现场抢救触电者的原则:迅速、就地、准确、坚持。迅速——争分夺秒使触电者脱离电源;就地——必须在现场附近或就地抢救,病人有意识后再就近送医院抢救。从触电时算起,1 min内就开始施救,救生率在90%左右;6 min以内及时抢救,救生率在50%左右;12 min后再开始抢救,此刻救活的希望已甚微。施救时人工呼吸法的动作必须准确,只要有百万分之一的希望就要尽百分之百的努力去抢救。

6.塔式起重机出现事故征兆时的演练与救援

应急指挥接到各种机械伤害事故时,应立即召集应急小组成员,分析现场事故情况,明确救援步骤、所需设备、设施及人员,按照应急预案进行策划、分工,实施救援。需要救援车辆时,应急指挥人员应安排专人接车,引领救援车辆迅速施救。具体要求如下:

(1)塔吊基础下沉、倾斜。应立即停止作业,并将回转机构锁住,限制其转动,并根据情况设置地锚,控制塔吊的倾斜。

(2)塔吊平衡臂、起重臂折臂。塔吊不能做任何动作。按照抢险方案,根据情况采用焊接等手段,将塔吊结构加固,或用连接方法将塔吊结构与其他物体连接,防止塔吊倾翻和在拆除过程中发生意外;用2~3台适量吨位起重机,一台锁起重臂,一台锁平衡臂。其中一台在拆卸起重臂时起平衡力矩作用,防止因力的突然变化而造成倾翻;按抢险方案规定的顺序,将起重臂或平衡臂连接件中变形的连接件取下,用气焊割开,用起重机将臂杆取下;按正常的拆塔程序将塔吊拆除,遇变形结构用气焊割开。

(3)塔吊倾翻。采取焊接、连接方法,在不破坏失稳受力情况下增加平衡力矩,控制险情发展;选用适量吨位起重机按照抢险方案将塔吊拆除,变形部件用气焊割开或调整。

(4)锚固系统险情。将塔式平衡臂对应到建筑物,转臂过程要平稳并锁住;将塔吊锚固系统加固;如需更换锚固系统部件,先将塔机降至规定高度后,再行更换部件。

(5)塔身结构变形、断裂、开焊。将塔式平衡臂对应到变形部位,转臂过程要平稳并锁住;根据情况采用焊接等手段,将塔吊结构变形或断裂、开焊部位加固;落塔更换损坏结构。

7. 小型设备的应急救援演练与急救

(1)发生各种机械伤害时,应先切断电源,再根据伤害部位和伤害性质进行处理。

(2)迅速确定事故发生的准确位置、可能波及的范围、设备损坏的程度、人员伤亡等情况,以根据不同情况进行处置。

(3)根据现场人员被伤害的程度,一边通知急救医院,一边对轻伤人员进行现场救护。

(4)对重伤者不明伤害部位和伤害程度的,不要盲目进行抢救,以免引起更严重的伤害。

(5)划出事故特定区域,非救援人员未经允许不得进入特定区域。迅速核实机械设备上作业人数,如有人员被压在倒塌的设备下面,要立即采取可靠措施加固四周,然后拆除或切割压住伤者的杆件,将伤员移出。

(6)抢救受伤人员时几种情况的处理。

——如确认人员已死亡,立即保护现场。

——如发生人员昏迷、伤及内脏、骨折及大量失血:应立即联系 120 急救车或距现场最近的医院,并说明伤情,为取得最佳抢救效果,还可根据伤情联系专科医院;外伤大出血:急救车未到前,现场采取止血措施;骨折:注意搬动时的保护,对昏迷、可能伤及脊椎、内脏或伤情不详者一律用担架或平板,不得一人抬肩、一人抬腿。

——一般性外伤:视伤情送往医院,防止破伤风。轻微内伤,送医院检查。

——制定救援措施时一定要考虑所采取措施的安全性和风险,经评价确认安全无误后再实施救援,避免因采取措施不当而引发新的伤害或损失。

8. 火灾应急演练与急救

(1)火灾事故发生后,发现人应立即报警。一旦启动预案,相关责任人要以处置重大紧急情况为压倒一切的首要任务,绝不能以任何理由推诿拖延。各部门之间、各单位之间必须服从指挥、协调配合,共同做好灭火工作。因工作不到位或玩忽职守造成严重后果的,要追究有关人员的责任。

(2)项目在接到报警后,应立即组织自救队伍,按事先制定的应急方案立即进行自救;若事态情况严重,难以控制和处理,应立即在自救的同时向专业队伍求救,并密切配合救援队伍。

(3)疏通事发现场道路,并疏散人群至安全地带,保证救援工作顺利进行。

(4)在急救过程中,遇有威胁人身安全情况时,应首先确保人身安全,迅速组织人员脱离危险区域或场所后,再采取急救措施。

(5)切断电源、可燃气体(液体)的输送,防止事态扩大。

(6)安全总监为紧急事务联络员,负责紧急事物的联络工作。

(7)紧急事故处理结束后,安全总监应填写记录,并召集相关人员研究防止事故再次发生的对策。

在火灾事故的应急演练和急救时还应注意以下要求。

(1)做好对施工人员的防火安全教育,帮助施工人员学习防火、灭火、避难、危险品转移等各种安全疏散知识和应对方法,提高施工人员对火灾、爆炸事故发生时的心理承受能力和应变能力。一旦发生突发事件,施工人员不仅可以沉稳自救,还可以冷静地配合外界消防员做好灭火工作,把火灾事故损失降到最低。

(2)火灾事故发生时,在安全地带的施工人员应尽早做到早期警告,可通过手机、对讲机等方式向楼上施工人员传递火灾发生信息和位置。

(3)高层建筑在发生火灾时,不能使用室内电梯和外用电梯逃生;因为室内电梯井会产生"烟囱效应",外用电梯会发生电源短路情况;最好通过室内楼梯或室外脚手架马道逃生;如果下行楼梯受阻,施工人员可以在某楼层或楼顶部耐心等待救援,打开窗户或划破安全网保持通风,同时用湿布捂住口鼻,挥舞彩色安全帽表明所处位置,切忌逃生时在马道上拥挤。

(4)灾难发生时,由于人的生理反应和心理反应决定受灾人员的行为具有明显的向光性和盲从性。向光性是指在黑暗中,尤其是辨不清方向,走投无路时,只要有一丝光亮,人们就会迫不及待地向光亮处走去;盲从性是指事件突变,生命受到威胁时,人们由于过分紧张、恐慌,而失去正确的理解和判断能力,只要有人一声招呼,就会导致不少人跟随、拥挤逃生,这会影响疏散甚至造成人员伤亡。

(5)恐慌行为是一种过分和不明智的逃离行为,它极易导致各种伤害性情感行动。例如,绝望、歇斯底里等,这种行为若导致"竞争性"拥挤,再进入火场,穿越烟气空间及跳楼等行动,时常带来灾难性后果。

(6)受灾人已经撤离或将要撤离火场时,由于某些特殊原因会驱使他们再度进入火场,这也属于一种危险行为,在实际火灾案例中,由于再进火场而导致灾难性后果的占有相当大的比例。

9.人工呼吸法的演练与急救

人工呼吸法是采取人工的方法来代替肺的呼吸活动,及时有效地使气体有节律地进入和排出肺脏,供给体内足够氧气并充分排出二氧化碳,促使呼吸中枢尽早恢复功能,恢复人体自动呼吸的急救方法。各种人工呼吸方法中,以口对口呼吸法效果最好。

具体做法是:将伤员平卧,解开衣领,围巾和紧身衣服,放松裤带,在伤员的肩背下方可垫软物,使伤员的头部充分后仰,呼吸道尽量畅通,用手指清除口腔中的异物,如假牙、分泌物、血块和呕吐物等。注意环境要安静,冬季要保温。

抢救者在伤员的一侧,以近其头部的手紧捏伤员的鼻子(避免漏气),并将手掌外缘压住额部,另一只手托在伤员颈部,将颈部上抬,使其头部尽量上仰,鼻孔呈朝天状,嘴巴张开准备接受吹气。

抢救者先吸一口气,然后嘴紧贴伤员的嘴大口吹气,同时观察其胸部是否膨胀隆起,以确定吹气是否有效和吹气是否适度。

吹气停止后,抢救者头稍侧转,并立即放松捏鼻子的手,让气体从伤员的鼻孔排除。此时应注意胸部复原情况,倾听呼气声,观察有无呼吸道梗阻。

如此反复而有节律地人工呼吸,不可中断,每分钟应为12～16次。进行人工呼吸时要注意口对口的压力要掌握好,开始时可略大些,频率也可稍快些,经过10～20次人工吹气后逐渐减小压力,只要维持胸部轻度升起即可。如遇到伤员嘴巴张不开的情况,可改用口对鼻孔吹气的办法,吹气时压力要稍大些,时间稍长些,效果相仿。采用人工呼吸法,只有当伤员出现自动呼吸时,方可停止,但要密切观察,以防出现再次停止呼吸。

10.体外心脏挤压法的演练和急救

体外心脏挤压法是指通过人工方法有节律地对心脏挤压,来代替心脏的自然收缩,从而达到维持血液循环的目的,进而恢复心脏的自然节律,挽救伤员的生命的一种急救方法。

具体做法:使伤员就近仰卧于硬板上或地上,注意保暖,解开伤员衣领,使其头部后仰侧俯。抢救者站在伤员左侧或跪跨在病人的腰部两侧。

抢救者以一手掌根部置于伤员胸骨下 1/3 处,即中指对准其颈部凹陷的下缘,另一只手掌交叉重叠于该手背上,肘关节伸直。依靠体重、臂和肩部肌肉的力量,垂直用力,向脊柱方向冲击性地用力施压胸骨下段,使胸骨下段与其相连的肋骨下陷 3~4 cm,间接压迫心脏,使心脏内血液搏出。

挤压后突然放松(要注意掌根不能离开胸壁),依靠胸廓的弹性,使胸骨复位,心脏舒张,大静脉的血液回流到心脏。

在进行体外心脏挤压法时,定位要准确,用力要垂直适当,有节奏地反复进行;防止因用力过猛而造成继发性组织器官的损伤或肋骨骨折。挤压频率一般控制在每分钟 60~80 次,有时为了提高效果,可增加挤压频率,达到每分钟 100 次左右。抢救时必须同时兼顾心跳和呼吸。抢救工作一般需要很长时间,在没送到医院之前,抢救工作不能停止。

人工呼吸法和体外心脏挤压法的适用范围很广,除适用于触电伤害的急救外,对遭雷击、急性中毒、烧伤、心跳骤停等因素所引起的呼吸抑制或呼吸停止的伤员都可采用,有时两种方法可交替进行。

11. 创伤救护的演练和急救

创伤分为开放性创伤和闭合性创伤。开放性创伤是指皮肤或黏膜的破损,常见的有摔伤、擦伤、碰伤、切割伤、刺伤、烧伤等;闭合性创伤是指人体内部组织或器官的损伤,而没有皮肤粘膜的破损,常见的有:骨折、内脏挤压伤等。

(1)开放性创伤的处理。对于开放性创伤应首先对伤口进行清理、消毒。用生理盐水或酒精棉球,对伤口进行清洗消毒,将伤口和周围皮肤上沾染的泥沙、污物等清理干净,并用干净的纱布将水分及渗血吸干,再用碘酒等药物进行初步消毒。在没有消毒条件的情况下,可用清洁水冲洗伤口,最好用流动的自来水冲洗,然后用干净的布或敷料吸干伤口。

对于出血不止的开放性伤口,首先应考虑的是有效的止血,这对伤员的生命安危影响极大。在现场处理时,应根据出血类型和部位不同采用不同的止血方法。具体的方法有:直接压迫法——将手掌通过洁净的敷料直接压在开放性伤口的整个区域;抬高肢体法——对于手、臂、腿等处严重出血的开放性伤口,都应尽可能地抬高至心脏水平线以上,达到止血的目的;压迫供血动脉法——手臂和腿部伤口的严重出血,如果应用直接压迫和抬高肢体仍不能止血,就需要采用压迫点止血技术,即将受伤部位近离动脉处的血管用绷带或扎带扎牢,阻止血液供应而达到止血目的;包扎法——使用绷带、毛巾、布块等材料,最好再辅以止血药物,包扎止血。

对于烧伤的急救,应先去除烧伤源,将伤员尽快转移到空气流通的地方,用较干净的衣服把伤面包裹起来,防止再次污染;在现场,除了化学烧伤可用大量流动清水冲洗外,对创面一般不做处理,尽量不要弄破水泡,保护表皮,然后及时送医院救治。

(2)闭合性创伤的处理。较轻的闭合性创伤,如局部挫伤、皮下出血,可在受伤部位进行冷敷,以防止组织继续肿胀,减少皮下出血。

如发现人员从高处坠落或摔伤等意外事故时,要仔细检查其头部、颈部、胸部、腹部、四肢、背部和脊椎等部位,看看是否有肿胀、青紫、局部压疼、骨摩擦声等其他内部损伤,如出现上述情况,不能对患者随意搬动,需按照正确的搬运方法进行搬运,否则,可能造成患者神经、血管损伤并加重病情。现场常用的搬运方法:担架搬运法——用担架搬运时,要使伤员头部向后,以便后面抬担架的人可随时观察其变化;单人徒手搬运法——轻伤者可挟着走,重伤者可让其伏在急救者背上,双手绕颈交叉下垂,急救者用双手自伤员大腿下抱住伤员大腿行走搬运。

如怀疑有内伤,应尽早使伤员得到医疗处理;运送时伤员要采取卧位,小心搬运,注意保持呼吸道通畅,注意防止休克。运送过程中如突然出现呼吸、心跳骤停时,应立即进行人工呼吸和体外心脏挤压法等急救措施。

五、事故应急救援预案的实施

事故发生后,应迅速辨别事故的类别、性质、危害程度,适时启动相应的应急救援预案,按照预案进行应急救援。实施时不能轻易变更预案,如有预案未考虑到的方面,应冷静分析、果断处置。对应急救援预案的实施具体要求如下:

(一)立即组织营救受害人员

抢救受害人员是应急救援的首要任务,在应急救援行动中,快速、有序、有效地实施现场急救与安全转送伤员,是降低事故伤亡率、减少事故损失的关键。

(二)指导群众防护,组织群众撤离

由于一般安全事故都发生突然,特别是重大事故扩散迅速、涉及范围广、危害大。因此,应及时指导和组织群众采取各种措施进行自身防护,并迅速撤离出危险区或可能受到危害的区域。在撤离过程中,应积极组织群众开展自救和互救工作。

(三)迅速控制危险源

及时控制造成事故的危险源是应急救援工作的重要任务。只有及时控制住危险源,防止事故的继续蔓延,才能及时有效地进行救援,减小各种损失。同时应对事故造成的危害进行监测和评估,确定事故的危害区域、危害性质、损失程度及影响程度。

(四)做好现场隔离和清理,消除危害后果

针对事故对人体、动植物、水源、空气、土壤等造成的现实危害和可能的危害,迅速采取封闭、隔离、清洗等措施。对事故外溢的有毒、有害物质和可能对人和环境继续造成危害的物质,应及时组织人员予以清除,防止对人和环境继续造成危害。

(五)按规定及时向有关部门进行事故报告

事故发生后,应按照有关规定,及时、如实地向有关人员和部门进行事故报告,否则应承担相应的责任。

(六)保存有关记录及物证,以利于后期事故调查

在应急救援时,应当尽全力保护好事故现场,并及时、准确地收集好相关物证,为事故调查准备相关资料。

(七)查清事故原因,评估危害程度

事故发生后应及时调查事故的发生原因和事故性质,评估出事故最终的危害范围和危险程度,查明人员伤亡情况,做好事故调查。

任务5 掌握建筑企业安全教育

为贯彻安全生产的方针,加强建筑业企业职工安全培训教育工作,增强职工的安全意识和安全防护能力,减少伤亡事故的发生,国家建设部 1997 年制定并实施了《建筑业企业职工安全培训教育暂行规定》。该规定对建筑工程企业安全教育的对象、时间、内容、实施与管理等做了明确的规定。

一、安全教育的内容

安全教育通常包括以下内容:

(一)安全生产法规教育

通过对建筑企业员工进行安全生产、劳动保护等方面的法律、法规的宣传教育,使每个人都能够依据法规的要求做好安全生产。因为安全生产管理的前提条件就是依法管理,所以安全教育的首要内容就是法规的教育,不安全生产就是违法犯罪。

(二)安全生产思想教育

通过对员工进行深入细致的思想教育工作,提高他们对安全生产重要性的认识。各级管理人员,特别是企业管理人员要加强对员工安全思想方面的教育,要从关心人、爱护人、保护人的生命与健康出发,重视安全生产,做到不违章指挥;操作工人也要增强安全生产意识,从思想上深刻认识到安全生产不仅涉及自己的生命和健康,同时也与企业的利益和形象、甚至国家的利益紧密地联系在一起。

(三)安全生产知识教育

安全知识教育是让企业员工掌握施工生产中的安全基础知识、安全常识和劳动保护要求,这是经常性、最基本和最普通的安全教育。

安全知识教育的主要内容有:本企业生产经营的基本情况;施工操作工艺;施工中的主要危险源的识别及其安全防护的基本知识;施工设施、设备、机械的有关安全操作要求;电气设备的安全使用常识;车辆运输的安全常识;高处作业的安全要求;防火安全的一般要求及常用消防器材的正确使用方法;特殊类专业(如桥梁、隧道、深基础、异形建筑等)施工的安全防护基本知识;工伤事故的简易施救方法和事故报告程序及保护事故现场等规定;个人劳动防护用品的正确佩戴和使用常识等。

(四)安全生产技能教育

安全生产技能教育是在安全生产知识教育基础上,进一步开展的专项安全教育,其侧重点是在安全操作技术方面,是通过结合本工种特点、要求,以培养安全操作能力而进行的一种专业性的安全技术教育。主要内容包括安全技术要求、安全操作规程和职业健康等。

根据安全技能教育的对象不同,分为一般工种和特殊工种的安全技能教育。

(五)安全事故案例教育

安全事故案例教育是指通过一些典型的安全事故实例的介绍,进行事故的分析和研究,从中找出引起事故的原因以及正确的预防措施,用血的事实来教育职工引以为戒,提高广大员工的安全意识。这是一种通过反面教育,并行之有效的教育形式。但需要注意的是,在选择案例时一定要具有典型性和教育性,使员工明确安全事故的偶然性与必然性的关系,切勿过分渲染事故的血腥和恐怖。

以上安全教育的内容可以根据施工现场的具体情况单项进行,也可同时或几项同时进行。

二、安全教育的时间

根据《建筑业企业职工安全培训教育暂行规定》,建筑业企业职工每年必须接受一次专门

的安全培训,具体要求如下:

(1)企业法定代表人、项目经理每年接受安全培训的时间,不得少于 30 学时。

(2)企业专职安全管理人员除按照《建设企事业单位关键岗位持证上岗管理规定》的要求,取得岗位合格证书并持证上岗外,每年还必须接受安全专业技术业务培训,时间不得少于 40 学时。

(3)企业其他管理人员和技术人员每年接受安全培训的时间,不得少于 20 学时。

(4)企业特殊工种(包括电工、焊工、架子工、司炉工、爆破工、机械操作工、起重工、塔吊司机及指挥人员、人货两用电梯司机等)在通过专业技术培训并取得岗位操作证后,每年仍须接受有针对性的安全培训,时间不得少于 20 学时。

(5)企业其他职工每年接受安全培训的时间,不得少于 15 学时。

(6)企业待岗、转岗、换岗的职工,在重新上岗前,必须接受一次安全培训,时间不得少于 20 学时。

(7)建筑业企业新进场的工人,必须接受公司、项目部(或工区、工程处、施工队)、班组的三级安全培训教育,培训分别不得少于 15 学时、15 学时和 20 学时,并经考核合格后,方能上岗。

三、安全教育的对象与要求

(一)三类人员

依据建设部《建筑施工企业主要负责人、项目负责人、专职安全生产管理人员安全生产考核管理暂行规定》(建质[2004]59 号)的规定,为贯彻落实《安全生产法》《建设工程安全生产管理条例》和《安全生产许可证条例》,提高建筑工程企业主要负责人、项目负责人、专职安全生产管理人员安全生产知识水平和管理能力,保证建筑工程安全生产,对建筑工程企业三类人员进行考核认定。三类人员应当经建设行政主管部门或者其他有关部门考核合格后方可任职,考核内容主要是安全生产知识和安全管理能力。

1. 建筑工程企业主要负责人

建筑工程企业主要负责人指对本企业日常生产经营活动和对安全生产全面负责、有生产经营决策权的人员,包括企业法定代表人、经理、企业分管安全生产工作的副经理等。其安全教育的重点有以下方面:

(1)国家有关安全生产的方针政策、法律法规、部门规章、标准及有关规范性文件,本地区有关安全生产的法规、规章、标准及规范性文件。

(2)建筑工程企业安全生产管理的基本知识和相关专业知识。

(3)重、特大事故防范、应急救援措施,报告制度及调查处理方法。

(4)企业安全生产责任制和安全生产规章制度的内容、制定方法。

(5)国内外安全生产管理经验。

(6)典型事故案例分析。

2. 建筑工程企业项目负责人

建筑工程企业项目负责人指由企业法定代表人授权,负责建设工程项目管理的项目经理或负责人等。其安全培训教育的重点如下:

(1)国家有关安全生产的方针政策、法律法规、部门规章、标准及有关规范性文件,本地区有关安全生产的法规、规章、标准及规范性文件。

(2)工程项目安全生产管理的基本知识和相关专业知识。

(3)重大事故防范、应急救援措施,报告制度及调查处理方法。

(4)企业和项目安全生产责任制和安全生产规章制度内容、制定方法。

(5)施工现场安全生产监督检查的内容和方法。

(6)国内外安全生产管理经验。

(7)典型事故案例分析。

3.建筑工程企业专职安全生产管理人员

建筑工程企业专职安全生产管理人员是指在企业专职从事安全生产管理工作的人员,包括企业安全生产管理机构的负责人及其工作人员和施工现场专职安全生产管理人员。其安全教育的重点如下:

(1)国家有关安全生产的方针政策、法律法规、部门规章、标准及有关规范性文件,本地区有关安全生产的法规、规章、标准及规范性文件。

(2)重大事故防范、应急救援措施,报告制度,调查处理方法以及防护、救护方法。

(3)企业和项目安全生产责任制和安全生产规章制度。

(4)施工现场安全监督检查的内容和方法。

(5)典型事故案例分析。

(二)特种作业人员

特种作业人员必须按照国家有关规定,经过专门的安全作业培训,并取得特种作业资格证书后,方可上岗作业。专门的安全作业培训,是指由有关主管部门组织的专门对特种作业人员的培训,也就是特种作业人员在独立上岗作业前,必须进行与本工种相应的、专门的安全技术理论学习和实际操作训练。经培训考核合格,取得特种作业操作资格证书后,才能上岗作业。特种作业人员还要接受每两年一次的再教育和审核,经再教育和审核合格后,方可继续从事特种作业,特种作业操作资格证书在全国范围内有效,离开特种作业岗位一定时间后,应当按照规定重新进行实际操作考核,经确认合格后方可上岗作业,特种作业资格证的有效期为六年。对于未经培训考核即从事特种作业的,《建设工程安全生产管理条例》第六十二条规定:作业人员或者特种作业人员,未经安全教育培训或者经考核不合格即从事相关工作造成重大安全事故,构成犯罪的,对直接责任人员,依照刑法的有关规定追究刑事责任。

(三)入场新工人

入场新工人必须接受首次三级安全生产方面的基本教育。三级安全教育一般是由施工企业的安全、教育、劳动、技术等部门配合进行的。受教育者必须经过考试,合格后才准予进入施工现场作业;考试不合格者不得上岗工作,必须重新补课,并进行补考,合格后方可工作。三级安全培训教育的内容分别如下:

1.公司安全培训教育的主要内容

(1)国家和地方有关安全生产、劳动保护的方针、政策、法律、法规、规范、标准及规章。

(2)企业及其上级部门(主管局、集团、总公司、办事处等)印发的安全管理规章制度。

(3)安全生产与劳动保护工作的目的和意义等。

2.项目部安全培训教育的主要内容

(1)建设工程施工生产的特点,施工现场的一般安全管理规定、制度和要求。

(2)施工现场主要安全事故的类别,常见多发性事故的特点、规律及预防措施,事故的教训。

(3)本工程项目施工的基本情况(工程类型、施工阶段、作业特点等),施工中应当注意的安全事项。

3.作业班组安全培训教育的主要内容

(1)本工种的安全操作技术要求。

(2)本班组施工生产概况,包括工作性质、职责和范围等。

(3)本人及本班组在施工过程中,所使用和遇到的各种生产设备、设施、机械、工具的性能、作用、操作和安全防护要求等。

(4)个人使用和保管的各类劳动防护用品的正确穿戴、使用方法及劳动防护用品的基本原理与主要功能。

(5)发生伤亡事故或其他事故,如火灾、爆炸、机械伤害及管理事故等,应采取的措施(救助抢险、保护现场、事故报告等)要求。

为加深新工人对三级安全教育的感性认识和理性认识,一般规定,在新工人上岗工作6个月后,还要进行安全知识再教育。再教育的内容可以从原先的三级安全教育的内容中有针对性地选择,再教育后要进行考核,合格后方可继续上岗。考核成绩要登记到本人劳动保护教育卡上。

(四)变换工种的工人

建筑工程现场由于其产品、工序、材料及自然因素等特点的影响,作业工人经常会发生岗位的变更,这也是施工现场一种普遍的现象。此时,如果教育不到位,安全管理跟不上,就可能给转岗工人带来伤害。因此,按照有关规定,企业待岗、转岗、换岗的职工,在从事新工作前,必须接受一次安全培训和教育,时间不得少于20学时,其安全培训教育的内容如下:

(1)本工种作业的安全技术操作规程。

(2)本班组施工生产的概况介绍。

(3)施工区域内各种生产设施、设备、机具的性能、作用、安全防护要求等。

施工企业必须给每一名职工建立职工劳动保护(安全)教育卡,教育卡应记录包括三级安全教育、变换工种安全教育等的教育及考核情况,并由教育者与受教育者双方签字后入册,作为企业及施工现场安全管理资料备查。

四、安全教育的类型与方式

(一)安全教育的类型

安全教育的类型较多,一般有经常性教育、季节性教育和节假日加班教育等几种。

1.经常性教育

经常性的安全教育是施工现场进行安全教育的主要形式,目的是时刻提醒和告诫职工遵规守章,加强安全意识,杜绝麻痹思想。

经常性安全教育可以采用多种形式,既可以利用班前例会进行教育,也可以采取大小会议进行教育,还可以采用其他形式,如黑板报、广播、音像、展览、演讲、知识竞赛等形式。具体采用哪一种,要因地制宜,视具体情况而定,但忌摆花架子、搞形式主义。

经常性安全教育的主要内容如下:

(1)安全生产法规、标准、规范等。

(2)企业和上级部门下达的安全管理新规定。

(3)各级安全生产责任制及相关管理制度。

(4)安全生产先进经验介绍,最新的典型安全事故。

(5)新技术、新工艺、新材料、新设备的使用及相关安全技术要求。

(6)近来安全生产方面的动态,如新的法规、文件、标准、规范等。

(7)本单位近期安全工作回顾、总结等。

2. 季节性教育

季节性安全教育主要是指夏季和冬季施工前的安全教育。

(1)夏季施工安全教育。夏季高温、炎热、多雷雨,是触电、雷击、坍塌等事故的高发期。闷热的气候容易使人中暑,高温使得职工夜间休息不好,打乱了人体的"生物钟",容易使人乏力、瞌睡、注意力不集中,较易引起安全事故。因此,夏季施工安全教育的重点是:

1)用电安全教育,侧重于防触电事故教育。

2)预防雷击安全教育。

3)大型施工机械、设施常见事故案例教育。

4)基础施工阶段的安全防护教育,特别是基坑开挖的安全和支护安全教育。

5)高温时间,"做两头、歇中间",保证职工有充沛的精力。

6)劳动保护的宣传教育。合理安排好作息时间,注意劳逸结合。

(2)冬季施工安全教育。冬季气候干燥、寒冷,为了施工需要和取暖,使用明火、接触易燃易爆物品的机会增多,容易发生火灾、爆炸和中毒事故;寒冷又使人衣着笨重、反应迟钝、动作不灵敏,也容易发生安全事故。因此,冬季施工安全教育应从以下几方面进行:

1)针对冬季施工的特点,注重防滑、防坠安全意识的教育。

2)防火安全教育。

3)现场安全用电教育,侧重于防电器火灾教育。

4)冬季施工,工人往往为了取暖而紧闭门窗、封闭施工区域,因此,在员工宿舍、地下室、地下管道、深基坑、沉井等区域就寝或施工时,应加强作业人员预防中毒的自我防护意识教育,要求员工识别中毒症状,掌握急救常识。

3. 节假日加班教育

节假日由于多种原因,会使加班员工思想不集中、注意力分散,给安全生产带来隐患。节假日加班应从以下几个方面进行安全教育:

(1)重点做好员工的安全思想教育,稳定操作人员的工作情绪,增强安全意识。

(2)注意观察员工的工作状态和情绪,对员工进行严禁酒后进入施工操作现场的教育。

(3)班组长和相关人员应做好班前安全教育,强调安全操作规程,提高防范意识。

(4)对较危险的部位,进行针对性的安全教育。

(二)安全教育的方式

一般安全教育的方式有以下几种:

(1)召开会议。例如,安全培训、安全讲座、报告会、先进经验交流、安全现场会、展览会、知识竞赛等。

(2)报刊宣传。订阅或编制安全生产方面的书报或刊物,也可编制一些安全宣传的小册子等。

（3）音像制品。例如，电影、电视、VCD 片、音像等。

（4）文艺演出。例如，小品、相声、短剧、快板、评书等。

（5）图片展览。例如，安全专题展览、板报等。

（6）悬挂标牌或标语。例如，悬挂安全警示标牌、标语、宣传横幅等。

（7）现场观摩。例如，现场观摩安全操作方法、应急演练等。

安全教育的方式应当结合建筑生产的特点和员工的文化水平而定，尽可能采取丰富多彩、行之有效的教育方式，使安全教育深入每个员工的内心。

任务 6　掌握建筑工程现场安全检查

一、安全检查的目的与内容

（一）安全检查的目的

安全检查的目的主要有以下内容：

（1）了解施工现场安全生产的状况，为加强安全生产管理提供准确的信息和依据。

（2）落实预防为主的方针，及时发现问题，治理隐患，保障安全生产顺利进行。

（3）利用检查，进一步宣传、贯彻、落实安全生产方针、政策和各项安全生产规章制度。

（4）增强领导和群众的安全意识，制止违章指挥，纠正违章作业，提高全体员工的安全生产自觉性和责任感。

（5）发现、总结及交流安全生产的成功经验，推动本企业、本地区乃至整个行业安全生产管理水平的提高。

（二）安全检查的内容

安全检查应当是全面的检查，具体应包括查思想、查制度、查管理、查安全设施、查安全隐患、查安全教育培训、查机械设备、查操作行为、查劳保用品使用、查文明施工状况、查安全管理资料、查伤亡事故处理等。

二、安全检查的形式、方法与要求

（一）安全检查的主要形式

安全检查的主要形式有以下几种：

1. 定期检查

项目部每周或每旬由项目主要负责人带队组织定期的安全大检查。

2. 班组检查

施工班组每天上班前后由班组长和安全值日人员组织的班前和班后安全检查。

3. 季节性检查

季节变换前由安全生产管理小组和专职安全管理人员、安全值日人员等组织的季节性安全防护设施、劳动保护等安全检查。

4. 专业性检查

由职能部门人员、安全管理小组、专职安全员和相关专业技术人员组成安全生产检查组对电气、机械设备、脚手架、登高设施等专项设施设备、高处作业、用电安全、消防保卫等方面进行的专项安全检查。

5.日常检查

由安全管理小组成员、专兼职安全管理人员和安全值日人员进行的日常安全检查。

6.验收检查

由项目有关负责人、出租单位、安装单位、分包单位等人员参加的,对塔机等起重设备、井架、龙门架、脚手架、电气设备、吊篮、现浇混凝土模板及支撑等设施、设备在安装搭设完成后进行的安全验收检查。

(二)安全检查的主要方法

安全检查的主要方法有以下几种:

1.“听”

听基层安全管理人员或施工现场安全员汇报安全生产情况,介绍现场安全工作经验、存在问题及采取的措施。

2.“看”

主要查看安全管理资料、安全设施、持证上岗、现场标识、“三宝”使用情况、设备防护装置、各类高处作业防护、施工用电等情况。

3.“量”

主要是用器具实测实量,检查是否达到相关要求。

4.“测”

用仪器、仪表实地进行安全性能测量。

5.“现场操作”

由操作人员现场操作,检查操作规程的执行、安全装置的运行等情况。

6.“分析、评估”

通过以上检查,进行分析、计算,给出安全检查的评估结果。

(三)安全检查的要求

(1)企业和项目部必须建立定期安全检查制度,明确检查方式、时间、内容和整改、处罚措施等内容,特别要明确工程安全防范的重点部位和危险岗位的检查方式和方法。

(2)检查次数公司每月不少于一次,项目部每半月不少于一次,班组每星期不少于一次。

(3)根据检查内容配备相应的人员,确定检查负责人,抽调专业人员,做到分工明确。

(4)各种安全检查(包括被检)做到每次有记录,对查出的事故隐患应做到定人、定时、定措施进行整改,并要有复查情况记录。检查人员责令其停工的,被查单位必须立即停工整改,现场应有整改回执单。

(5)对重大事故隐患的整改必须如期完成,并上报公司和有关部门。

(6)应有明确的检查目的、检查内容及检查标准,特别是重点和关键部位应加大检查力度。对大面积或数量多的项目可采取系统的观感和一定数量的测点相结合的检查方法。检查时尽量采用检测工具,用数据和指标说话。

(7)对现场管理人员和操作工人不仅要检查是否有违章指挥和违章作业行为,还应进行“应知应会”的抽查,以便了解管理人员及操作工人的安全素质;对于违章指挥、违章作业行为,检查人员应当场指出,进行纠正。

(8)认真、详细进行检查记录,特别是对隐患的记录必须具体,如隐患的部位、危险性程度及处理意见等。

(9)采用安全检查评分表的,应记录每项扣分的原因。

(10)尽可能系统、定量地作出检查结论,进行安全评价,以利于受检单位根据安全评价研究对策、进行整改、加强管理。

三、《建筑施工安全检查标准》(JGJ 59—1999)(以下简称《标准》)

为了科学地评价建筑施工安全生产情况,提高安全生产工作和文明施工的管理水平,预防伤亡事故的发生,确保职工的安全和健康,实现检查评价工作的标准化、规范化,建设部于1999年发布了《标准》。该标准适用于建筑施工企业及其主管部门对建筑施工安全工作的检查和评价。

(一)检查分类

《标准》规定:对建筑施工中易发生伤亡事故的主要环节、部位和工艺等的完成情况作安全检查评价时,应采用检查评分表的形式,分为安全管理、文明工地、脚手架、基坑支护与模板工程、"三宝"("三宝"系指安全帽、安全带和安全网)"四口"("四口"系指通道口、预留洞口、楼梯口、电梯井口)防护、施工用电、物料提升机与外用电梯、塔吊、起重吊装和施工机具共10个分项检查评分表和一张检查评分汇总表。

(二)检查评分表

检查评分表是进行具体分项检查时用以进行评分记录的表格,与汇总表中的10个分项内容相对应,但由于一些分项所对应的检查内容不止一项,所以实际共有17张检查评分表。

检查评分表的结构形式分为两类,一类是自成体系的,包括安全管理、文明施工、脚手架、基坑支护与模板工程、施工用电、物料提升机与外用电梯、塔吊和起重吊装八项检查评分表,设立了保证项目和一般项目,保证项目应是安全检查的重点和关键;另一类是各检查项目之间无相互联系的逻辑关系,因此没有列出保证项目,如"三宝""四口"防护和施工机具两张检查表。

各分项检查评分表中,满分为100分。表中各检查项目得分应为按规定检查内容所得分数之和。每张表总得分应为各表内各检查项目实得分数之和。

在检查评分中,遇有多个脚手架、塔吊、龙门架与井字架等时,则该项得分应为各单项实得分数的算术平均值。

检查评分不得采用负值。各检查项目所扣分数总和不得超过该项应得分数。

在检查评分中,当保证项目中有一项不得分或保证项目小计得分不足40分时,此检查评分表不应得分。

多人对同一项目检查评分时,应按加权评分方法确定分值。权数的分配原则应为:专职安全人员与其他人员:专职安全人员的权数为0.6,其他人员的权数为0.4。

(三)汇总表

汇总表是对10个分项内容检查结果的汇总,利用汇总表所得分值,来确定和评价工程项目的安全生产工作情况(见表3-1)。汇总表满分也为100分。各分项检查表在汇总表中所占的满分分值应分别为:文明施工20分,安全管理、脚手架、基坑支护与模板工程、"三宝""四口"防护、施工用电、物料提升机与外用电梯、塔吊分别均为10分、起重吊装和施工机具分别为5分。

表 3-1　建筑施工安全检查评分汇总表

企业名称：　　　　　　　　经济类型：　　　　　　　　资质等级：

单位工程（施工现场）名称	建筑面积 m²	结构类型	总计得分（满分分值为100分）	项目名称及分类									
				安全管理（满分分值为10分）	文明施工（满分分值为20分）	脚手架（满分分值为10分）	基坑支护与模板工程（满分分值为10分）	"三宝""四口"防护（满分分值为10分）	施工用电（满分分值为10分）	物料提升机与外用电梯（满分分值为10分）	塔吊（满分分值为10分）	起重吊装（满分分值为5分）	施工机具（满分分值为5分）
评语：													
检查单位			负责人			受检项目				项目经理			

汇总表中分值的计算方法：

(1)汇总表中各项实得分数计算方法：

在汇总表中各分项实得分＝(该分项在汇总表中应得满分值×该分项在检查评分表中实得分)÷100

　　　　　　　　　　　　　　　　　　　　　　　　　　　　　　　　(式 3-1)

详见例 3-1。

(2)汇总表中遇有缺项时,汇总表总分计算方法：

遇有缺项时汇总表总得分＝(实际检查项目实得分总和÷实际检查项目应得分总和)×100

　　　　　　　　　　　　　　　　　　　　　　　　　　　　　　　　(式 3-2)

详见例 3-2。

(3)检查评分表中遇有缺项时,评分表合计分计算方法：

检查评分表遇有缺项时评分表得分＝(实查子项目实得分值之和÷实查子项目应得分值之和)×100

　　　　　　　　　　　　　　　　　　　　　　　　　　　　　　　　(式 3-3)

详见例 3-3。

(4)对有保证项目的检查评分表,当保证项目中有一项不得分时,该评分表为零分;遇保证项目缺项时,保证项目小计得分不足 40 分,评分表为零分,具体计算方法为：实得分与应得分之比＜66.7%(40/60＝66.7%)时,评分表得零分。详见例 3-4。

(5)在检查评分表中,遇有多个脚手架、塔吊、龙门架、井字架时,则该项得分应为各单项实得分数的算术平均值。详见例 3-5。

以上评分方法详见下例。

例 3-1　"文明施工"检查评分表实得 86 分,换算在汇总表中"文明施工"分项实得分为多少?

　　　　　　　　分项实得分＝(20×86)÷100＝17.2 分

例 3-2　某工地没有塔吊,则塔吊在汇总表中有缺项,其他各分项检查在汇总表的实得分为 86 分,计算该工地汇总表实得分为多少?

缺项在汇总表总得分＝（86÷90）×100＝95.56分

例3-3 "施工用电"检查评分表中,"外电防护"缺项(该项应得分值为20分),其他各项检查实得分为62分,计算该评分表实得多少分? 换算到汇总表中应为多少分?

缺项的"施工用电"评分表得分＝62÷（100－20）×100＝77.5分

汇总表中"施工用电"分项实得分＝10×77.5÷100＝7.75分

例3-4 如在"施工用电"检查表中,"外电防护"这一保证项目缺项(该项为20分),其余的"保证项目"检查实得分合计为22分(应得分值为40分),该分项检查表是否能得分?

因为(其余的保证项目实得分÷其余的保证项目应得分)×100 　　　　　　　　　　　　(式3-4)

＝（22÷40）×100%＝55%＜66.7%

所以该"施工用电"检查表为零分。

例3-5 某工地有多种脚手架和多台塔吊,落地式脚手架实得分为85分、悬挑脚手架实得分为78分;甲塔吊实得分为92分,乙塔吊实得分为87分。汇总表中脚手架、塔吊实得分为多少?

"脚手架"检查表实得分＝（85＋78）÷2＝81.5分

换算到汇总表中"脚手架"项分值＝（10×81.5）×100＝8.15分

"塔吊"检查表实得分＝（92＋87）÷2＝89.5分

换算到汇总表中"塔吊"项分值＝（10×89.5）÷100＝8.95分

(四)评价等级划分

建筑施工安全检查评分,应以汇总表的总得分及保证项目达标与否,作为对施工现场安全生产情况的评价依据,分为优良、合格、不合格三个等级。评价等级具体划分的规则如下:

1. 优良

检查结果评价为优良应同时满足以下条件:

(1)保证项目分值均应达到要求(保证项目中不得有零分项,或保证项目小计得分不少于40分,下同)。

(2)汇总表得分值应在80分及其以上。

2. 合格

检查结果评价为合格应同时满足以下条件:

(1)保证项目分值均应符合要求,汇总表得分值应在70分及其以上。

(2)有一检查评分表未得分,但汇总表得分值必须在75分及其以上。

(3)起重吊装检查评分表或施工机具检查评分表未得分,但汇总表得分值在80分及其以上。

3. 不合格

检查结果满足下列之一的,即评价为不合格:

(1)汇总表得分值在70分以下的。

(2)有一检查评分表未得分,且汇总表得分在75分以下的。

(3)当起重吊装检查评分表或施工机具检查评分表未得分,且汇总表得分值在80分以下的。

需要注意的是,"检查评分表未得分"与"检查评分表缺项"是不同的概念,"缺项"是指被检查工地无此项检查内容,而"未得分"是指有此项检查内容,但实得分为零分。

任务 7　掌握安全事故管理

一、生产安全事故的定义与分类

生产安全事故是指生产经营单位在生产经营活动(包括与生产经营有关的活动)中突然发生的,伤害人身安全和健康,或者损坏设备设施,或者造成经济损失的,导致原生产经营活动(包括与生产经营活动有关的活动)暂时中止或永远终止的意外事件。

安全事故按性质不同可分为责任事故、非责任事故(自然灾害、自然事故)和破坏事故。

安全生产事故还可分为生产安全事故和非生产安全事故。生产安全事故分为伤亡事故、设备安全事故、质量安全事故、环境污染事故、职业危害事故以及其他安全事故等;非生产安全事故分为盗窃事故、人为破坏事故以及其他安全事故等。

安全生产事故根据造成的人员伤亡或者直接经济损失等因素,一般又分为四级:Ⅰ级(特别重大事故)、Ⅱ级(重大事故)、Ⅲ级(较大事故)和Ⅳ级(一般事故)。根据 2007 年 6 月 1 日实施的《生产安全事故报告和调查处理条例》(国务院第 493 号令),生产安全事故具体划分的方法如下:

(1)特别重大事故,是指造成 30 人以上死亡,或者 100 人以上重伤(包括急性工业中毒,下同),或者 1 亿元以上直接经济损失的事故。

(2)重大事故,是指造成 10 人以上 30 人以下死亡,或者 50 人以上 100 人以下重伤,或者 5 000 万元以上 1 亿元以下直接经济损失的事故。

(3)较大事故,是指造成 3 人以上 10 人以下死亡,或者 10 人以上 50 人以下重伤,或者 1 000 万元以上 5 000 万元以下直接经济损失的事故。

(4)一般事故,是指造成 3 人以下死亡,或者 10 人以下重伤,或者 1 000 万元以下直接经济损失的事故。

注意:上述所称的"以上"包括本数,所称的"以下"不包括本数。

二、安全事故的报告

(一)安全事故报告的一般要求

根据《生产安全事故报告和调查处理条例》(国务院 493 号令)(2007 年 6 月 1 日起实施)的规定,生产经营单位发生安全事故后,事故现场有关人员应当立即向本单位负责人报告;单位负责人接到报告后,应当于 1 小时内向事故发生地县级以上人民政府安全生产监督管理部门和负有安全生产监督管理职责的有关部门报告。

情况紧急时,事故现场有关人员可以直接向事故发生地县级以上人民政府安全生产监督管理部门和负有安全生产监督管理职责的有关部门报告。安全生产监督管理部门和负有安全生产监督管理职责的有关部门接到事故报告后,应当依照下列规定上报事故情况,并通知公安机关、劳动保障行政部门、工会和人民检察院。

(1)特别重大事故、重大事故逐级上报至国务院安全生产监督管理部门和负有安全生产监督管理职责的有关部门。

（2）较大事故逐级上报至省、自治区、直辖市人民政府安全生产监督管理部门和负有安全生产监督管理职责的有关部门。

（3）一般事故上报至设区的市级人民政府安全生产监督管理部门和负有安全生产监督管理职责的有关部门。

安全生产监督管理部门和负有安全生产监督管理职责的有关部门依照前款规定上报事故情况，应当同时报告本级人民政府。国务院安全生产监督管理部门和负有安全生产监督管理职责的有关部门以及省级人民政府接到发生特别重大事故、重大事故的报告后，应当立即报告国务院。

必要时，安全生产监督管理部门和负有安全生产监督管理职责的有关部门可以越级上报事故情况，安全生产监督管理部门和负有安全生产监督管理职责的有关部门逐级上报事故情况，每级上报的时间不得超过 2 小时。

（二）安全事故报告的内容

安全事故的报告应当包括以下内容：

（1）事故发生单位概况。

（2）事故发生的时间、地点以及事故现场情况。

（3）事故的简要经过。

（4）事故已经造成或者可能造成的伤亡（包括下落不明的人数）和初步估计的直接经济损失。

（5）已经采取的措施。

（6）其他应当报告的情况。

（三）其他规定

（1）《生产安全事故报告和调查处理条例》规定，自事故发生之日起 30 日内，事故造成的伤亡人数发生变化的，应当及时补报。道路交通事故、火灾事故自发生之日起 7 日内，事故造成的伤亡人数发生变化的，应当及时补报。

（2）事故发生单位负责人接到事故报告后，应当立即启动事故相应应急预案，或者采取有效措施，组织抢救，防止事故扩大，减少人员伤亡和财产损失。

（3）事故发生地有关地方人民政府、安全生产监督管理部门和负有安全生产监督管理职责的有关部门接到事故报告后，其负责人应当立即赶赴事故现场，组织事故救援。

（4）事故发生后，有关单位和人员应当妥善保护事故现场以及相关证据，任何单位和个人不得破坏事故现场、毁灭相关证据。因抢救人员、防止事故扩大以及疏通交通等原因，需要移动事故现场物件的，应当做出标志，绘制现场简图并做出书面记录，妥善保存现场重要痕迹、物证。

（5）事故发生地公安机关根据事故的情况，对涉嫌犯罪的，应当依法立案侦查，采取强制措施和侦查措施。犯罪嫌疑人逃匿的，公安机关应当迅速追捕归案。

三、安全事故调查

（一）安全事故调查的一般要求

按照《生产安全事故报告和调查处理条例》的规定，特别重大事故由国务院或者国务院授权有关部门组织事故调查组进行调查；重大事故、较大事故、一般事故分别由事故发生地省级人民政府、设区的市级人民政府、县级人民政府负责调查;省级人民政府、设区的市级人民政府、县级人民政府可以直接组织事故调查组进行调查,也可以授权或者委托有关部门组织事故调查组进行调查;未造成人员伤亡的一般事故,县级人民政府也可以委托事故发生单位组织事故调查组进行调查。

上级人民政府认为必要时,可以调查由下级人民政府负责调查的事故。

自事故发生之日起 30 日内(道路交通事故、火灾事故自发生之日起 7 日内),因事故伤亡人数变化导致事故等级发生变化,依照《生产安全事故报告和调查处理条例》的规定应当由上级人民政府负责调查的,上级人民政府可以另行组织事故调查组进行调查。

特别重大事故以下等级的事故,事故发生地与事故发生单位不在同一个县级以上行政区域的,由事故发生地人民政府负责调查,事故发生单位所在地人民政府应当派人参加。

(二)事故调查组

事故调查组的组成应当遵循精简、效能的原则。根据事故的具体情况,事故调查组应当由有关人民政府、安全生产监督管理部门、负有安全生产监督管理职责的有关部门、监察机关、公安机关以及工会等派人组成,并应当邀请人民检察院派人参加,还可以聘请有关专家参与调查。具体要求如下:

(1)事故调查组成员应当具有事故调查所需要的知识和专长,并与所调查的事故没有直接利害关系。

(2)事故调查组组长由负责事故调查的人民政府指定。事故调查组组长主持事故调查组的工作。

(3)事故调查组应当履行的职责:查明事故发生的经过、原因、人员伤亡情况及直接经济损失;认定事故的性质和事故责任;提出对事故责任者的处理建议;总结事故教训,提出防范和整改措施;提交事故调查报告。

(4)事故调查组有权向有关单位和个人了解与事故有关的情况,并要求其提供相关文件、资料,有关单位和个人不得拒绝。

(5)事故发生单位的负责人和有关人员在事故调查期间不得擅离职守,并应当随时接受事故调查组的询问,如实提供有关情况。

(6)事故调查中发现涉嫌犯罪的,事故调查组应当及时将有关材料或者其复印件移交司法机关处理。

(7)事故调查中需要进行技术鉴定的,事故调查组应当委托具有国家规定资质的单位进行技术鉴定。必要时,事故调查组可以直接组织专家进行技术鉴定。技术鉴定所需时间不计入事故调查期限。

(8)事故调查组成员在事故调查工作中应当诚信公正、恪尽职守,遵守事故调查组的纪律,保守事故调查的秘密。未经事故调查组组长允许,事故调查组成员不得擅自发布有关事故的信息。

(三)现场勘查

事故发生后,调查组必须尽早到事故现场进行勘查。现场勘查是一项技术性较强的工作,涉及广泛的科技知识和实践经验,对事故现场的勘查应该做到及时、全面、细致、客观、真实。现场勘察的主要内容有以下方面:

1.作出笔录

具体工作任务:

(1)发生事故的时间、地点、环境气候等。

(2)现场勘查人员姓名、单位、职务、职称、联系电话等。

(3)现场勘查起止时间、勘查过程和勘察方法等。

(4)设备、设施损坏或异常情况及事故前后的位置。

(5)能量逸散所造成的破坏情况、状态、范围、程度等。

(6)事故发生前的劳动组织、现场人员的位置和行动等。

2.现场拍照或摄像

具体工作任务：

(1)方位拍摄,要求能够准确反映事故现场人和物在周围环境中的位置。

(2)全面拍摄,要求能够全面反映事故现场各部分之间的联系。

(3)中心拍摄,要求能够具体反映事故现场中心情况。

(4)细部拍摄,要求能够详细揭示引起事故直接原因的痕迹、致害物等。

3.绘制事故图

根据事故的规模和类别,以及勘察工作的资料,绘制出下列示意图:

(1)建筑物平面图、立面图和剖面图。

(2)事故发生前后人员和物体位置及疏散(活动)图。

(3)破坏物立体图或展开图。

(4)涉及范围图。

(5)设备或器具构造图等。

4.事故事实材料和证人材料搜集

具体工作任务：

(1)受害人和肇事者的姓名、年龄、文化程度、工龄等。

(2)事故当天受害人和肇事者的工作情况,过去的安全记录。

(3)个人防护措施、健康状况及与事故致因有关的细节或因素。

(4)对证人的口述材料应经本人签字认可,并应认真考证其真实程度。

5.分析事故原因,明确责任者

通过整理和仔细阅读调查材料,按事故发生后受伤部位、受伤性质、事故起因、致害物质、伤害方式、不安全状态和不安全行为等内容进行分析,首先确定事故原因(直接原因或间接原因),然后确定责任人(直接责任人、领导责任人和管理责任人),最后确定主要责任人。

分析事故原因时,应根据调查所确认的事实,从直接原因入手,逐步深入到间接原因,通过对直接原因和间接原因的分析,确定事故的直接责任人和领导责任人,再根据其在事故发生过程中的作用,确定主要责任人。

安全事故通常按性质不同分为责任事故、非责任事故和破坏事故。责任事故是指因有关人员的过失造成的事故;非责任事故是指由于自然界的因素而造成的不可抗拒的事故,或由于未知领域的技术问题而造成的事故;破坏事故则是为达到一定目的而蓄意制造的事故,此类事故应由公安机关和企业保卫部门认真追查破案,依法处理。

对责任事故,应根据事故调查所确认的事实,通过对事故原因的分析来确定事故的直接责任人、领导责任人和管理责任人。直接责任人是指其行为与事故的发生有直接因果关系的责任人;领导责任人是指对事故发生负有领导责任的责任人;管理责任人是指对事故发生仅有管理责任的责任人。

领导责任人和管理责任人中,对事故发生起主要作用的,就是主要责任人。

(四)事故调查报告

事故调查组应当自事故发生之日起 60 日内提交事故调查报告;特殊情况下,经负责事故调查的人民政府批准,提交事故调查报告的期限可以适当延长,但延长的期限最长不超过 60 日。

事故调查报告应当包括下列内容:

(1)事故发生单位概况。

(2)事故发生经过和事故救援情况。

(3)事故造成的人员伤亡和直接经济损失。

(4)事故发生的原因和事故性质。

(5)事故责任的认定以及对事故责任者的处理建议。

(6)事故防范和整改措施。

事故调查报告应当附具有关证据材料。事故调查组成员应当在事故调查报告上签名。事故调查报告报送负责事故调查的人民政府后,事故调查工作即告结束,事故调查的有关资料应当归档保存。

事故报告应当及时、准确、完整,任何单位和个人对事故不得迟报、漏报、谎报或者瞒报。

四、安全事故处理

安全事故的处理应当坚持"四不放过"的原则,即事故原因分析不清不放过,员工和事故责任者受不到教育不放过,事故隐患不整改不放过,事故责任人不受到处理不放过。

按照《生产安全事故报告和调查处理条例》的规定,安全事故的处理应符合以下规定:

(1)重大事故、较大事故、一般事故,负责事故调查的人民政府应当自收到事故调查报告之日起 15 日内做出批复;特别重大事故,30 日内做出批复,特殊情况下,批复时间可以适当延长,但延长的时间最长不超过 30 日。

(2)有关机关应当按照人民政府的批复,依照法律、行政法规规定的权限和程序,对事故发生单位和有关人员进行行政处罚,对负有事故责任的国家工作人员进行处分。

(3)事故发生单位应当按照负责事故调查的人民政府的批复,对本单位负有事故责任的人员进行处理。负有事故责任的人员涉嫌犯罪的,依法追究刑事责任。

(4)事故发生单位应当认真吸取事故教训,落实防范和整改措施,防止事故再次发生。防范和整改措施的落实情况应当接受工会和职工的监督。

(5)安全生产监督管理部门和负有安全生产监督管理职责的有关部门应当对事故发生单位落实防范和整改措施的情况进行监督检查。

(6)事故处理的情况由负责事故调查的人民政府或者其授权的有关部门、机构向社会公布,依法应当保密的除外。

五、法律责任

(1)事故发生单位主要负责人有下列行为之一的,处上一年年收入 40% 至 80% 的罚款;属于国家工作人员的,并依法给予行政处分;构成犯罪的,依法追究刑事责任:

1)不立即组织事故抢救的。

2)迟报或者漏报事故的。

3)在事故调查处理期间擅离职守的。

(2)事故发生单位及其有关人员有下列行为之一的,对事故发生单位处100万元以上500万元以下的罚款;对主要负责人、直接负责的主管人员和其他直接责任人员处上一年年收入60%至100%的罚款;属于国家工作人员的,并依法给予处分;构成违反治安管理行为的,由公安机关依法给予治安管理处罚;构成犯罪的,依法追究刑事责任:

1)谎报或者瞒报事故的。

2)伪造或者故意破坏事故现场的。

3)转移、隐匿资金、财产,或者销毁有关证据、资料的。

4)拒绝接受调查或者拒绝提供有关情况和资料的。

5)在事故调查中作伪证或者指使他人作伪证的。

6)事故发生后逃匿的。

(3)事故发生单位对事故发生负有责任的,依照下列规定处以罚款:

1)发生一般事故的,处10万元以上20万元以下的罚款。

2)发生较大事故的,处20万元以上50万元以下的罚款。

3)发生重大事故的,处50万元以上200万元以下的罚款。

4)发生特别重大事故的,处200万元以上500万元以下的罚款。

(4)事故发生单位主要负责人未依法履行安全生产管理职责,导致事故发生的,依照下列规定处以罚款;属于国家工作人员的,并依法给予处分;构成犯罪的,依法追究刑事责任:

1)发生一般事故的,处上一年年收入30%的罚款。

2)发生较大事故的,处上一年年收入40%的罚款。

3)发生重大事故的,处上一年年收入60%的罚款。

4)发生特别重大事故的,处上一年年收入80%的罚款。

(5)有关地方人民政府、安全生产监督管理部门和负有安全生产监督管理职责的有关部门有下列行为之一的,对直接负责的主管人员和其他直接责任人员依法给予处分;构成犯罪的,依法追究刑事责任:

1)不立即组织事故抢救的。

2)迟报、漏报、谎报或者瞒报事故的。

3)阻碍、干涉事故调查工作的。

4)在事故调查中作伪证或者指使他人作伪证的。

(6)事故发生单位对事故发生负有责任的,由有关部门依法暂扣或者吊销其有关证照;对事故发生单位负有事故责任的有关人员,依法暂停或者撤销其与安全生产有关的执业资格、岗位证书;事故发生单位主要负责人受到刑事处罚或者撤职处分的,自刑罚执行完毕或者受处分之日起,5年内不得担任任何生产经营单位的主要负责人。

(7)为发生事故的单位提供虚假证明的中介机构,由有关部门依法暂扣或者吊销其有关证照及其相关人员的执业资格;构成犯罪的,依法追究刑事责任。

(8)参与事故调查的人员在事故调查中有下列行为之一的,依法给予处分;构成犯罪的,依法追究刑事责任:

1)对事故调查工作不负责任,致使事故调查工作有重大疏漏的。

2)包庇、袒护负有事故责任的人员或者借机打击报复的。

以上规定罚款的行政处罚,由安全生产监督管理部门负责决定和实施。

没有造成人员伤亡,但是社会影响恶劣的事故,国务院或者有关地方人民政府认为需要调查处理的,依照有关规定执行。

任务 8　掌握建筑工程安全资料管理

建筑工程安全资料是指在建筑施工过程中,相关各方进行安全管理所形成的各种形式的记录和文件,是建筑施工安全生产状况的真实反映。建筑工程安全资料包括基本建设过程中形成的相关资料、工程监理过程中形成的相关资料和建筑工程施工过程中形成的相关资料,一般涉及建设单位、监理单位和施工单位等。

建筑工程安全资料管理是建筑工程资料管理的重要内容之一。

一、建设单位的安全资料

建设单位的安全资料主要包括以下几方面:

(1)建设工程施工许可证。

(2)施工现场安全监督备案登记表。

(3)地上、地下管线及建(构)筑物资料移交清单。

(4)安全防护、文明施工措施费用支付统计。

(5)夜间施工审批手续。

(6)使用爆破作业审批手续。

二、监理单位的安全资料

监理单位的安全资料一般分为监理安全管理资料和监理安全工作记录两类。

(一)监理安全管理资料

(1)监理合同(含安全监理工作内容)。

(2)监理规划(含安全监理方案)、安全监理实施细则。

(3)施工单位安全管理体系、安全生产人员的岗位证书等及审核资料。

(4)施工单位的安全生产责任制、安全管理规章制度及审核资料。

(5)安全监理专题会议纪要。

(6)安全事故隐患、安全生产问题的报告、处理意见等有关文件。

(二)监理安全工作记录

(1)工程技术文件报审表。

(2)施工现场起重机械拆装报审表。

(3)施工现场起重机械验收审查表。

(4)安全防护、文明施工措施费用支付申请表。

(5)安全防护、文明施工措施费用支付证书。

(6)安全隐患报告书。

(7)工作联系单。

(8)监理通知。

(9)工程暂停令。

(10)监理通知回复单工程复工报审表。

三、建筑工程企业的安全资料

按照《建筑施工企业安全生产评价标准》中的规定,建筑工程企业的安全资料分为企业安全生产条件和企业安全生产业绩两大类:

（一）企业安全生产条件类

(1)安全生产管理制度。

(2)资质、机构与人员管理。

(3)安全技术管理。

(4)设备与设施管理。

（二）企业安全生产业绩类

(1)生产安全事故控制。

(2)安全生产奖惩。

(3)项目施工安全检查。

(4)健康安全生产管理体系推行。

四、施工单位施工现场的安全资料

施工单位施工现场的安全资料涵盖11个方面,具体名目如下:

（一）工程项目安全管理资料

(1)工程概况表。

(2)项目重大危险源控制制度和措施。

(3)项目重大危险源识别汇总表。

(4)危险性较大的分部(分项)工程专家论证表。

(5)危险性较大的分部(分项)工程汇总表。

(6)施工现场检查汇总表。

(7)施工现场检查评分记录(安全管理)。

(8)施工现场检查评分记录(生活区管理)。

(9)施工现场检查评分记录(现场、料具管理)。

(10)施工现场检查评分记录(环境保护)。

(11)施工现场检查评分记录(脚手架)。

(12)施工现场检查评分记录(安全防护)。

(13)施工现场检查评分记录(施工用电)。

(14)施工现场检查评分记录(塔吊、起重吊装)。

(15)施工现场检查评分记录(机械安全)。

(16)施工现场检查评分记录(保卫消防)。

(17)项目经理部安全生产责任制度。

(18)项目经理部安全管理机构设置。

(19)项目经理部安全生产管理制度。

(20)总分包管理协议书。

(21)施工组织设计及专项安全技术措施。

(22)季节性施工方案。

(23)安全技术交底汇总表。

(24)安全生产教育制度。

(25)作业人员安全教育记录表。

(26)安全资金投入记录。

(27)施工现场安全事故登记表。

(28)特种作业人员登记表。

(29)地上、地下管线保护措施验收记录表。

(30)安全防护用品合格证及检测资料。

(31)生产安全事故应急预案。

(32)安全标识。

(33)违章处理记录。

(34)安全生产奖惩制度。

(35)安全生产验收制度。

(36)安全生产值班制度。

(37)安全生产检查制度。

(38)重要劳动防护用品管理制度。

(39)职工伤亡事故报告、调查处理制度。

(二)工程项目生活区资料

(1)现场、生活区卫生设施布置图。

(2)办公室、生活区、食堂等各项卫生管理制度。

(3)应急药品、器材的登记及使用记录。

(4)项目急性职业中毒应急预案。

(5)食堂及炊事人员的证件。

(三)工程项目现场、料具资料

(1)居民来访记录。

(2)各阶段现场存放材料堆放平面图及责任划分。

(3)材料保存、保管措施。

(4)成品保护措施。

(5)现场各种垃圾存放、消纳管理资料。

(四)工程项目环境保护资料

(1)项目环境管理方案。

(2)环境保护管理机构及职责划分。

(3)施工噪声监测记录。

(4)施工大气污染监控记录。

(5)施工水污染监控记录。

(五)工程项目脚手架资料

(1)脚手架、卸料平台及支撑体系设计及施工方案。

(2)钢管扣件式支撑体系验收表。

(3)落地式(或悬挑式)脚手架搭设验收表。

(4)工具式脚手架安装验收表。

(六)工程项目安全防护资料

(1)基坑、土方及护坡方案,模板施工方案。

(2)各项安全防护设施检查记录。

(3)基坑支护验收表。

(4)基坑支护沉降观测记录。

(5)基坑支护水平位移观测记录。

(6)人工挖孔桩防护检查表。

(7)特殊部位气体检测记录。

(七)工程项目施工用电资料

(1)施工用电施工组织设计及变更资料。

(2)施工用电验收表。

(3)总、分包单位施工用电安全管理协议。

(4)电器设备测试、调试记录。

(5)电器线路绝缘强度测试记录。

(6)施工用电接地电阻测试记录。

(7)电工巡检维修记录。

(八)工程项目塔式起重机、起重吊装资料

(1)塔式起重机租赁、使用、拆装的管理资料。

(2)塔式起重机拆装统一检查验收记录表。

(3)塔式起重机拆装方案及群塔作业方案、起重吊装作业的专项施工方案。

(4)塔式起重机平面布置图。

(5)对起重吊装人员安全技术交底记录。

(6)施工起重机械运行记录。

(九)工程项目机械安全资料

(1)机械租赁合同、出租、承租双方安全管理协议书。

(2)物料提升机、外用电梯、电动吊篮拆装方案。

(3)施工升降机拆装统一验收表格。

(4)施工机械检查验收表(电动吊篮)。

(5)打桩(钻孔)机械验收记录。

(6)施工机械检查验收表(混凝土搅拌机)。

(7)施工机械检查验收表(机动翻斗车)。

(8)施工机械检查验收表(龙门吊)。

(9)施工机械检查验收表(汽车吊)。

(10)施工机械检查验收表(挖掘机)。

(11)施工机械检查验收表(装载机)。

(12)施工机械检查验收表(物料提升机)。

(13)施工机械检查验收表(混凝土泵)。

(14)施工机械检查验收表(钢筋机械)。

(15)施工机械检查验收表(木工设备)。

(16)施工机械检查验收表(其他中小型机械)。

(17)施工起重机械运行记录。

(18)机械设备检查维修保养记录表。

(十)工程项目保卫消防资料

(1)消防、保卫管理制度。

(2)施工现场消防重点部位登记表。

(3)保卫消防设备平面图。

(4)现场保卫消防制度、方案、预案。

(5)现场保卫消防协议。

(6)现场保卫消防组织机构及活动记录。

(7)施工项目消防审批手续。

(8)施工用保温材料产品检测及验收资料。

(9)消防设施、器材验收、维修记录。

(10)施工现场防水安全措施及交底。

(11)保卫人员值班、巡查工作记录。

(12)用火作业审批表。

(十一)其他资料

(1)安全技术交底表。

(2)应知应会考核表登记及试卷。

(3)施工现场安全日记。

(4)班组班前讲话记录。

(5)工程项目安全检查隐患整改记录表。

以上资料目录,集中了施工现场基本和主要的资料,但不是全部的资料目录,各施工现场还应当根据本工程施工特点,补充相关的书面资料。例如,施工企业的资质证书类资料,关于安全生产的法律、法规、部门规章、安全技术标准、指导性文件等。同时,随着行业管理的不断完善,管理部门将会出台一些新的管理制度与要求,也应作为施工现场安全管理的必备资料,使安全资料管理更加科学、规范、全面、合理。

五、安全资料的管理与保管

(一)安全资料管理

1.通用职责

(1)建设、监理和施工等单位应将施工现场安全资料的形成和积累纳入工程建设管理的各个环节,逐级建立健全工程施工现场安全资料岗位责任制,对施工现场安全资料的真实性、完整性和有效性负责。

(2)施工现场安全资料应做到现场实物与记录相符,以便更好地、真实地反映出安全管理的全过程及全貌,并随工程进度同步收集、整理,保存至工程竣工。

(3)建设、监理和施工等单位主管施工现场安全工作的负责人应负责本单位施工现场安全资料的全过程管理工作。施工过程中施工现场安全资料的收集、整理工作应由专人负责,并持证上岗。

(4)安全资料实行按岗位职责分工编写,及时归档,定期装订成册的管理办法。

(5)建立借阅台账,及时登记,及时追回,收回时做好检查工作,检查是否有损坏、丢失现象发生。

(6)建立定期或不定期的安全资料检查与审核制度,及时查找问题,及时整改。

2.建设单位管理职责

(1)建设单位应当向施工单位提供详实的施工现场及毗邻区域内的供水、排水、供电、供气、供热、通信等地上、地下管线资料,气象和水文观测资料,毗邻建筑物或构筑物以及地下工程的有关资料。

(2)在编制工程概算时,应确定建设工程安全作业环境及文明施工措施所需费用,并负责统计费用支付的情况。

(3)在申请领取施工许可证时,负责提供保证建设工程安全施工的有关技术和组织措施的资料。

(4)监督、检查各参建单位工程施工现场安全资料的建立和积累。

3.监理单位的管理职责

(1)负责监理单位施工现场安全资料的管理工作。

(2)对建筑工程现场安全资料的形成、积累、组卷进行监督和检查。

(3)对施工单位报送的施工现场安全资料进行审核,并予以签认。

4.施工单位的管理职责

(1)负责施工单位施工现场安全资料的管理工作。

(2)总承包单位督促检查各分包单位编制施工现场安全资料。分包单位负责分包范围内施工现场安全资料的编制、收集和整理,并向总承包单位提供备案。

(二)安全资料的保管

(1)安全资料按篇及编号分别装订成册,装入档案盒内。

(2)安全资料集中存放于档案柜内,加锁,由专人负责管理,以防丢失、损坏。

(3)工程竣工后,安全资料上交有关部门档案室储存、保管、备查。

项目四 建筑工程现场文明施工管理

项目介绍

⊙介绍文明施工管理的内容和基本要求；

⊙介绍施工现场环境保护；

⊙介绍文明工地的创建。

项目目标

⊙掌握文明施工管理的内容和基本要求；

⊙掌握施工现场环境保护；

⊙熟悉文明工地的创建。

案例导入

某工地一台 20 t 履带式起重机在雨后执行吊装质量为 19.6 t 的设备安装工作，设备周边均有棱角。起重工用两组钢丝绳直接绑扎好后，开始起吊。到达安装位置后，下降设备时，在距安装高度约 3 m 高的位置，指挥人员发现位置有偏差，立即发出停止下降的信号，司机马上操纵下降制动，但制动失灵，重物下滑，当下滑约 2 m 多后，突然制动，此时，一根吊绳突然断裂，设备倾翻落下，造成设备损坏。

案例分析

通过对以上事故的情况了解，可以看出参与吊装人员在以下方面违反了起重吊装的安全要求：

(1)起重工严重违反吊索经过有棱角处必须垫上隔离物，以防钢丝绳被切断的规定，未进行任何处理，就捆扎重物，埋下了事故的隐患。

(2)指挥人员、司机未按规程要求在雨、雪等特殊季节后、作业前必须检查制动器是否可靠，致使制动器在有水的情况下制动性能下降，致使重物下滑。

(3)指挥人员、司机未按规定要求，在荷载达到 90% 以上额定起重量时，必须进行试吊。从而失去了发现制动失灵的机会。

想一想 假设安全管理制度到位，参与吊装人员牢记起重吊装的安全技术规程，后果又是怎样？从这一事故中,我们又能得到什么启示和教训呢？

相关知识

建筑工程现场文明施工管理是为保障作业人员的身体健康和生命安全,改善作业人员的工作环境与生活条件,保护生态环境,防治施工过程对环境造成污染和各类疾病发生的一项重要管理内容,也是构建和谐社会,贯彻以人为本的重要措施。文明施工是现代化施工的一个重要标志,是建筑工程企业的一项基础性管理工作。修改后颁布的《建筑施工安全检查标准》(JGJ 59—1999)增加了文明施工检查评分的内容,把文明施工作为对建筑工程现场考核的重要内容之一。《建筑施工现场环境与卫生标准》(JGJ 146—2004)中也对文明施工有明确的规定。

任务 1　掌握文明工程管理的内容和基本要求

施工现场文明施工的管理范围既包括施工作业区的管理,也包括办公区和生活区的管理。

一、管理内容

文明施工管理主要包括下列工作内容:

(1)进行现场文化建设。

(2)规范场容,保持作业环境整洁卫生。

(3)创造有序生产的条件。

(4)减少对居民和环境的不利影响。

由于各地对施工现场文明施工的要求不尽一致,项目经理部在进行文明施工管理时还应按照当地的要求进行,并与当地的社区文化、民族特点及风土人情有机结合,建立文明施工管理的良好社会信誉。

二、基本要求

(一)现场围挡

(1)施工现场必须采用封闭围挡,并根据地质、气候、围挡材料进行设计与计算,确保围挡的稳定性、安全性。

(2)围挡高度不得小于1.8 m,建造多层、高层建筑的,还应设置安全防护设施。在市区主要路段和市容景观道路及机场、码头、车站广场设置的围挡高度不得低于2.5 m,在其他路段设置的围挡高度不得低于1.8 m。

(3)施工现场的施工区域应与办公、生活区划分清晰,并应采取相应的隔离措施。

(4)围挡使用的材料应保证围挡坚固、整洁、美观,不宜使用彩布条、竹笆或安全网等。

(5)市政工程现场,可按工程进度分段设置围栏,或按规定使用统一的连续性围挡设施。

(6)施工单位不得在现场围挡内侧堆放泥土、砂石、建筑材料、垃圾和废弃物等,严禁将围挡做挡土墙使用。

(7)在经批准临时占用的区域,应严格按批准的占地范围和使用性质存放、堆卸建筑材料或机具设备等,临时区域四周应设置高于 1 m 的围挡。

(8)在有条件的工地,四周围墙、宿舍外墙等地方,应张挂、书写反映企业精神、时代风貌及人性化的醒目宣传标语或绘画。

(9)雨后、大风后以及冻融季节应及时检查围挡的稳定性,发现问题及时处理。

(二)封闭管理

(1)施工现场进出口应设置固定的大门,且要求牢固、美观,门头按规定设置企业名称或标志(施工现场的门斗、大门,各企业须统一标准,施工企业可根据各自的特色,标明集团、企业的规范简称)。

(2)门口要设置专职门卫或保安人员,并制定门卫管理制度,来访人员应进行登记,禁止外来人员随意出入,所有进出材料或机具要有相应的手续。

(3)进入施工现场的各类工作人员应按规定佩戴工作胸卡和安全帽。

(三)施工场地

(1)施工现场的主要道路必须进行硬化处理,土方应集中堆放。集中堆放的土方和裸露的场地应采取覆盖、固化或绿化等措施。

(2)现场内各类道路应保持畅通。

(3)施工现场地面应平整,且应有良好的排水系统,保持排水畅通。

(4)制定防止泥浆、污水、废水外流以及堵塞排水管沟和河道的措施,实行二级沉淀、三级排放。

(5)工地应按要求设置吸烟处,有烟缸或水盆,禁止流动吸烟。

(6)现场存放的油料、化学溶剂等易燃易爆物品,应按分类要求放置于设有专门的库房内,地面应进行防渗漏处理。

(7)施工现场地面应经常洒水,对粉尘源进行覆盖或其他有效遮挡。

(8)施工现场长期裸露的土质区域,应进行力所能及的绿化布置,以美化环境,并防止扬尘现象。

(四)材料堆放

(1)施工现场各种建筑材料、构件、机具应按施工总平面布置图的要求堆放。

(2)料堆要按照品种、规格堆放整齐,并按规定挂置名称、品种、产地、规格、数量、进货日期等内容的标牌以及状态标识(已检合格、待检、不合格等)。

(3)工作面每日应做到工完、料清、场地净。

(4)建筑垃圾应在指定场所堆放整齐并标出名称、品种,并做到及时清运。

(五)职工宿舍

(1)职工宿舍要符合文明施工的要求,在建建筑物内不得兼作员工宿舍。

(2)生活区应保持整齐、整洁、有序、文明,并符合安全消防、防台风、防汛、卫生防疫、环境保护等方面的要求。

(3)宿舍应设置在通风、干燥、地势较高的位置,防止污水、雨水流入。

(4)宿舍内应保证有必要的生活空间,室内净高不得小于 2.4 m,通道宽度不得小于 0.9 m,每间宿舍居住人员不得超过 16 人。

(5)施工现场宿舍必须设置可开启式窗户,宿舍内的床铺不得超过 2 层,严禁使用通铺。

(6)宿舍内应设置生活用品专柜,有条件的宿舍宜设置生活用品储藏室。

(7)宿舍内严禁存放施工材料、施工机具和其他杂物。

(8)宿舍周围应当搞好环境卫生,按要求设置垃圾桶、鞋柜或鞋架,生活区内应提供为作业人员晾晒衣物的场地。

(9)宿舍外道路应平整,并尽可能地使夜间有足够的照明。

(10)冬季,北方严寒地区的宿舍应有保暖和防止煤气中毒措施;夏季,宿舍应有消暑和防蚊虫叮咬措施。

(11)宿舍不得留宿外来人员,特殊情况必须经有关领导及行政主管部门批准方可留宿,并报保卫人员备查。

(12)考虑到员工家属的来访,宜在宿舍区设置适量固定的亲属探亲宿舍。

(13)应当制定职工宿舍管理责任制,安排人员轮流负责生活区的环境卫生和管理或安排专人管理。

(六)现场防火

(1)制定防火安全措施及管理制度,施工区域和生活、办公区域应配备足够数量的灭火器材。

(2)根据消防要求,在不同场所合理配置种类合适的灭火器材;严格管理易燃、易爆物品,设置专门仓库存放。

(3)施工现场主要道路必须符合消防要求,并时刻保持畅通。

(4)高层建筑应按规定设置消防水源,并能满足消防要求,坚持安全生产的"三同时"。

(5)施工现场防火必须建立防火安全组织机构、义务消防队,明确项目负责人、其他管理人员及各操作人员的防火安全职责,落实防火制度和措施。

(6)施工现场需动用明火作业的,如电焊、气焊、气割、粘结防水卷材等,必须严格执行三级动火审批手续,并落实动火监护和防范措施。

(7)按施工区域、层合理划分动火级别,动火必须具有"二证一器一监护"(焊工证、动火证、灭火器、监护人)。

(8)建立现场防火档案,并纳入施工资料管理。

(七)现场治安综合治理

(1)生活区应按精神文明建设的要求设置学习和娱乐场所,如电视机室、阅览室和其他文体活动场所,并配备相应器具。

(2)建立健全现场治安保卫制度,责任落实到人。

(3)落实现场治安防范措施,杜绝盗窃、斗殴、赌博等违法乱纪事件。

(4)加强现场治安综合治理,做到目标管理、职责分明,治安防范措施有力,重点要害部位防范措施到位。

(5)与施工现场的分包队伍须签订治安综合治理协议书,并加强法制教育。

(八)施工现场标牌

(1)施工现场入口处的醒目位置,应当公示"五牌一图"(工程概况牌、管理人员名单及监督电话牌、消防保卫牌、安全生产牌、文明施工牌、施工现场总平面布置图),标牌书写字迹要工整规范,内容要简明实用。标志牌规格:宽1.2 m、高0.9 m,标牌底边距地高为1.2 m。

(2)《建筑施工安全检查标准》对"五牌"的具体内容未作具体规定,各企业可结合本地区、本工程的特点进行设置,也可以增加应急程序牌、卫生须知牌、卫生包干图、管理程序图、施工的安民告示牌等内容。

(3)在施工现场的明显处,应有必要的安全内容的标语,标语尽可能地考虑人性化的内容。

(4)施工现场应设置"两栏一报"(即宣传栏、读报栏和黑板报),应及时反映工地内外各类动态。

(5)按文明施工的要求,宣传教育用字须规范,不使用繁体字和不规范的词句。

(九)生活设施

1.卫生设施

(1)施工现场应设置水冲式或移动式卫生间,卫生间地面应作硬化和防滑处理,门窗应齐全,蹲位之间宜设置隔板,隔板高度不宜低于 0.9 m。

(2)卫生间大小应根据作业人员的数量设置。高层建筑工程超过 8 层以后,每隔 4 层宜设置临时卫生间,卫生间应设专人负责清扫、消毒,防止蚊蝇滋生,化粪池应及时清理。

(3)淋浴间内应设置满足需要的淋浴喷头,可设置储衣柜或挂衣架,并保证 24 小时的热水供应。

(4)盥洗设施应设置满足作业人员使用要求,并应使用节水用具。

2.现场食堂

(1)现场食堂必须有卫生许可证,炊事人员必须持身体健康证上岗。

(2)现场食堂应设置独立的制作间、储藏间,门扇下方应设不低于 0.2 m 的防鼠挡板。

(3)现场食堂应设在远离卫生间、垃圾站、有毒有害场所等污染源的地方。

(4)制作间灶台及其周边应贴瓷砖,所贴瓷砖高度不宜低于 1.5 m,地面应作硬化和防滑处理。

(5)粮食存放台与墙和地面的距离不得小于 0.2 m。

(6)现场食堂应配备必要的排风和冷藏设施。

(7)现场食堂的燃气罐应单独设置存放间,存放间应通风良好并严禁存放其他物品。

(8)现场食堂制作间的炊具宜存放在封闭的橱柜内,刀、盆、案板等炊具应生熟分开,食品应有遮盖,遮盖物品正面应有标识。

(9)各种佐料和副食应存放在密闭器皿内,并应有标识。

(10)现场食堂外应设置密闭式泔水桶,并应及时清运。

3.其他要求

(1)落实卫生责任制及各项卫生管理制度。

(2)生活区应设置开水炉、电热水器或饮用水保温桶,施工区应配备流动保温水桶。

(3)生活垃圾应有专人管理,分类盛放于有盖的容器内,并及时清运,严禁与建筑垃圾混放。

(十)保健急救

(1)施工现场应按规定设置医务室或配备符合要求的急救箱,医务人员对现场卫生要起到监督作用,定期检查食堂饮食等卫生情况。

(2)落实急救措施和急救器材(如担架、绷带、夹板等)。

(3)培训急救人员,掌握急救知识,进行现场急救演练。

(4)适时开展卫生防病和健康宣传教育,保障施工人员身心健康。

(十一)社区服务

(1)制定并落实防止粉尘飞扬和降低噪声的方案或措施。

（2）夜间施工除应按当地有关部门的规定执行许可证制度外，还应张挂安民告示牌。

（3）严禁现场焚烧有毒、有害物质。

（4）切实落实各类施工不扰民措施，消除泥浆、噪声、粉尘等影响周边环境的因素。

三、建筑工程安全防护、文明施工措施费用的管理

安全防护、文明施工措施费用，是指按照国家现行的建筑施工安全、施工现场环境与卫生标准和有关规定，购置和更新施工安全防护用具及设施、改善安全生产条件和作业环境所需要的费用。2005 年 9 月 1 日开始施行的《建筑工程安全防护、文明施工措施费用及使用管理规定》（建办[2005]89 号），对该项费用的管理做了明确的规定。

（一）费用管理

1.费用的构成及用途

（1）建设单位对建筑工程安全防护、文明施工措施有其他要求的，所发生费用一并计入安全防护、文明施工措施费。

（2）安全防护、文明施工措施费用是由《建筑安装工程费用项目组成》（建标[2003]206 号）中措施费所含的文明施工费、环境保护费、临时设施费、安全施工费组成。

（3）安全施工费由临边、洞口、交叉、高处作业安全防护费，危险性较大工程安全措施费及其他费用组成。

（4）危险性较大工程安全措施费及其他费用项目组成由各地建设行政主管部门结合本地区实际自行确定。

2.费用计取

（1）建设单位、设计单位在编制工程概（预）算时，应当合理确定工程安全防护、文明施工措施费。

（2）依法进行工程招投标的项目，招标方或具有资质的中介机构编制招标文件时，应当按照有关规定并结合工程实际单独列出安全防护、文明施工措施项目清单。

（3）投标方应当根据现行标准、规范，结合工程特点、工期进度和作业环境等要求，在施工组织设计文件中制定相应的安全防护、文明施工措施，并按照招标文件要求结合自身的施工技术和管理水平对工程安全防护、文明施工措施项目单独报价。投标方安全防护、文明施工措施的报价，不得低于依据工程所在地工程造价管理机构测定费率计算所需费用总额的 90%。

（4）建设单位与施工单位应当在施工合同中明确安全防护、文明施工措施项目总费用，以及费用预付、支付计划、使用要求、调整方式等条款。

（5）建设单位与施工单位在施工合同中对安全防护、文明施工措施费用预付、支付计划未作约定或约定不明的，合同工期在一年以内的，建设单位预付安全防护、文明施工措施项目费用不得低于该费用总额的 50%；合同工期在一年以上的（含一年），预付安全防护、文明施工措施费用不得低于该费用总额的 30%，其余费用应当按照施工进度支付。

（二）使用与管理

（1）实行工程总承包的，总承包单位依法将建筑工程分包给其他单位的，总承包单位与分包单位应当在分包合同中明确安全防护、文明施工措施费用由总承包单位统一管理。安全防护、文明施工措施由分包单位实施的，由分包单位提出专项安全防护措施及施工方案，经总承包单位批准后及时支付所需费用。总承包单位不按规定和合同约定支付该费用，造成分包单

位不能及时落实安全防护措施导致发生事故的,由总承包单位负主要责任。

(2)施工单位应当确保安全防护、文明施工措施费专款专用,在财务管理中单独列出安全防护、文明施工措施项目费用清单备查。施工单位安全生产管理机构和专职安全生产管理人员负责对建筑工程安全防护、文明施工措施的组织实施进行现场监督检查,并有权向建设行政主管部门反映情况。

(三)监督管理

(1)建设单位申请领取建筑工程施工许可证或开工报告时,应当将施工合同中约定的安全防护、文明施工措施费用支付计划作为保证工程安全的具体措施提交有关行政主管部门,未提交的,行政主管部门不予核发施工许可证或开工报告。

(2)工程监理单位应当对施工单位落实安全防护、文明施工措施情况进行现场监理。发现施工单位未落实施工组织设计及专项施工方案中安全防护和文明施工措施的,有权责令其立即整改;对拒不整改或未按期限要求完成整改的,应当及时向建设单位和建设行政主管部门报告,必要时责令其暂停施工。

(3)建设行政主管部门应当按照现行标准规范对施工现场安全防护、文明施工措施落实情况进行监督检查,并对建设单位支付及施工单位使用安全防护、文明施工措施费用情况进行监督。

(四)安全防护、文明施工措施项目

安全防护、文明施工措施项目如表4-1所示。

表4-1　建设工程安全防护、文明施工措施项目清单

类别	项目名称	具体要求
文明施工与环境保护	安全警示标志牌	在易发伤亡事故(或危险)处设置明显的、符合国家标准要求的安全警示标志牌
	现场围挡	(1)现场采用封闭围挡,高度不小于1.8 m; (2)围挡材料可采用彩色、定型钢板,砖、砼砌块等墙体
	五板一图	在进门处悬挂工程概况、管理人员名单及监督电话、安全生产、文明施工、消防保卫五板;施工现场总平面图
	企业标志	现场出入的大门应设有本企业标识或企业标识
	场容场貌	①道路畅通;②排水沟、排水设施通畅;③工地地面硬化处理;④绿化
	材料堆放	(1)材料、构件、料具等堆放时,悬挂有名称、品种、规格等标牌; (2)水泥和其他易飞扬细颗粒建筑材料应密闭存放或采取覆盖等措施; (3)易燃、易爆和有毒有害物品分类存放
	现场防火	消防器材配置合理,符合消防要求
	垃圾清运	施工现场应设置密闭式垃圾站,施工垃圾、生活垃圾应分类存放。施工垃圾必须采用相应容器或管道运输

续表

类别	项目名称		具体要求
临时设施	现场办公生活设施		(1)施工现场办公、生活区与作业区分开设置,保持安全距离; (2)工地办公室、现场宿舍、食堂、厕所、饮水、休息场所符合卫生和安全要求
	施工现场临时用电	配电线路	(1)按照 TN—S 系统要求配备五芯电缆、四芯电缆和三芯电缆; (2)按要求架设临时用电线路的电杆、横担、瓷夹、瓷瓶等,或电缆埋地的地沟; (3)对靠近施工现场的外电线路,设置木质、塑料等绝缘体的防护设施
		配电箱开关箱	(1)按三级配电要求,配备总配电箱、分配电箱、开关箱三类标准电箱。开关箱应符合一机、一箱、一闸、一漏。三类电箱中的各类电器应是合格品; (2)按两级保护的要求,选取符合容量要求和质量合格的总配电箱和开关箱中的漏电保护器
		接地保护装置	施工现场保护零线的重复接地应不少于三处
安全施工	临边、洞口、交叉、高处作业防护	楼板、屋面、阳台等临边防护	用密目式安全立网全封闭,作业层另加两边防护栏杆和 18 cm 高的踢脚板
		通道口防护	设防护棚,防护棚应为不小于 5 cm 厚的木板或两道相距 50 cm 的竹笆。两侧应沿栏杆架用密目式安全网封闭
		预留洞口防护	用木板全封闭;短边超过 1.5 m 长的洞口,除封闭外四周还应设有防护栏杆
		电梯井口防护	设置定型化、工具化、标准化的防护门;在电梯井内每隔两层(不大于 10 m)设置一道安全平网
		楼梯边防护	设 1.2 m 高的定型化、工具化、标准化的防护栏杆,18 cm 高的踢脚板
		垂直方向交叉作业防护	设置防护隔离棚或其他设施
		高空作业防护	有悬挂安全带的悬索或其他设施;有操作平台;有上下的梯子或其他形式的通道
其他			由各地自定

注:本表所列建筑工程安全防护、文明施工措施项目,是依据现行法律法规及标准规范确定。如修订法律法规和标准规范,本表所列项目应按照修订后的法律法规和标准规范进行调整。

任务 2　掌握工程现场环境保护

　　为加强建设工程施工现场管理,保障建设工程施工顺利进行,建设部 1991 年 12 月 5 日就发布实施了《建设工程施工现场管理规定》(第 15 号令)。其中明确规定:施工单位应当遵守国家有关环境保护的法律规定,采取措施控制施工现场的各种粉尘、废气、废水、固体废弃物以及噪声、振动对环境的污染和危害。

一、大气污染的防治

(一)产生大气污染的施工环节

(1)引起扬尘污染的施工环节：

1)土方施工及土方堆放过程中的扬尘。

2)搅拌桩、灌注桩施工过程中的水泥扬尘。

3)建筑材料(砂、石、水泥等)堆场的扬尘。

4)混凝土、砂浆拌制过程中的扬尘。

5)脚手架和模板安装、清理和拆除过程中的扬尘。

6)木工机械作业的扬尘。

7)钢筋加工、除锈过程中的扬尘。

8)运输车辆造成的扬尘。

9)砖、砌块、石等切割加工作业的扬尘。

10)道路清扫的扬尘。

11)建筑材料装卸过程中的扬尘。

12)建筑和生活垃圾清扫的扬尘等。

(2)引起空气污染的施工环节：

1)某些防水涂料施工过程中的污染。

2)有毒化工原料使用过程中的污染。

3)油漆涂料施工过程中的污染。

4)施工现场的机械设备、车辆的尾气排放的污染。

5)工地擅自焚烧废弃物对空气的污染等。

(二)防治大气污染的主要措施

防治大气污染的主要措施：

(1)施工现场的渣土要及时清出现场。

(2)施工现场作业场所内建筑垃圾的清理,必须采用相应容器、管道运输或其他有效措施,严禁凌空抛掷。

(3)施工现场的主要道路必须进行硬化处理,并指定专人定期洒水清扫,形成制度,负责道路扬尘。

(4)土方应集中堆放,裸露的场地和集中堆放的土方应采取覆盖、固化或绿化等措施。

(5)渣土和施工垃圾运输时,应采用密闭式运输车辆或采取有效的覆盖措施,施工现场出入口处应采取保证车辆清洁的措施。

(6)施工现场应使用密目式安全网对在施工现场进行封闭,防止施工过程扬尘。

(7)对于细粒散状材料(如水泥、粉煤灰等)进行遮盖、密闭,防止和减少尘土飞扬。

(8)对进出现场的车辆应采取必要的措施,消除扬尘、抛洒和夹带现象。

(9)许多城市已不允许现场搅拌混凝土。在允许搅拌混凝土或砂浆的现场,应将搅拌站封闭严密,并在进料仓上方安装除尘装置,采取可靠措施控制现场粉尘污染。

(10)拆除既有建筑物时,应采用隔离、洒水等措施防止扬尘,并应在规定期限内将废弃物清理完毕。

(11)施工现场应根据风力和大气湿度的具体情况,确定合适的作业时间及内容。

(12)施工现场应设置密闭式垃圾站,施工垃圾、生活垃圾应分类存放,并及时清运。

(13)施工现场的机械设备、车辆的尾气排放应符合国家环保排放标准要求。

(14)城区、旅游景点、疗养区、重点文物保护地及人口密集区的施工现场应使用清洁的能源。

(15)施工时遇有有毒化工原料,除施工人员做好安全防护外,应按相关要求做好环境保护。

(16)除设有符合要求的装置外,严禁在施工现场焚烧各类废弃物以及其他会产生有毒、有害烟尘和恶臭的物质。

二、噪声污染的防治

(一)引起噪声污染的施工环节

引起噪声污染的施工环节:

(1)施工现场人员大声的喧哗。

(2)各种施工机具的运行和使用。

(3)安装及拆卸脚手架、钢筋、模板等。

(4)爆破作业。

(5)运输车辆的往返及装卸。

(二)防治噪声污染的措施

施工现场噪声的控制技术可从声源、传播途径、接收者防护等方面考虑。

1.声源控制

从声源上降低噪声,这是防治噪声污染的根本措施。具体要求:

(1)尽量采用低噪声设备和工艺替代高噪声设备和工艺,如低噪声振动器、电动空压机、电锯等。

(2)在声源处安装消声器消声,如在通风机、鼓风机、压缩机以及各类排气装置等进出风管的适当位置安装消声器。

2.传播途径控制

在传播途径上控制噪声的方法:

(1)吸声。利用吸声材料或吸声结构形成的共振结构吸收声能,降低噪声。

(2)隔声。应用隔声结构,阻止噪声向空间传播,将接收者与噪声声源分隔。隔声结构包括隔声室、隔声罩、隔声屏障、隔声墙等。

(3)消声。利用消声器阻止传播,如空气压缩机、内燃机等。

(4)减振降噪。对来自振动引起的噪声,通过降低机械振动减少噪声,如将阻尼材料涂在制动源上,或改变振动源与其他刚性结构的连接方式等。

3.接收者防护

让处于噪声环境下的人员使用耳塞、耳罩等防护用品,减少相关人员在噪声环境中的暴露时间,以减轻噪声对人体的危害。

4.严格控制人为噪声

进入施工现场不得高声叫喊、无故打砸模板、乱吹口哨,限制高音喇叭的使用,最大限度地减少噪声扰民。

5. 控制强噪声作业时间

凡在人口稠密区进行强噪声作业时,必须严格控制作业时间,一般在 22 时至次日 6 时期间停止强噪声作业。确系特殊情况必须昼夜施工时,建设单位和施工单位应于 15 日前,到环境保护和建设行政主管等部门提出申请,经批准后方可进行夜间施工,并会同居民小区居委会或村委会,公告附近居民,并做好周围群众的安抚工作。

6. 施工现场噪声的限值

根据国家标准《建筑施工场界噪声限值》(GB 12523—1990)的要求,对不同施工作业规定的噪声限值如表 4 - 2 所示。在工程施工中,要特别注意不得超过国家标准的限值,尤其是夜间禁止打桩作业。

表 4 - 2 建筑施工场界噪声限值[dB(A)]

施工阶段	主要噪声源	噪声限值/dB	
		昼间	夜间
土石方	推土机、挖土机、装载机等	75	55
打桩	各种打桩机	85	禁止施工
结构	混凝土搅拌机、振动棒、电锯等	70	55
装修	吊车、升降机	65	55

由于该噪声限值是指与敏感区相对应的建筑工程场地边界线处的限值,因此实际需要控制的是噪声在边界处的声值。噪声的具体测量方法参见《建筑施工场界噪声测量方法》(GB 12524—1990)。施工单位应对施工现场的噪声值进行监控和记录。

三、水污染的防治

(一)引起水污染的施工环节

引起水污染的施工环节:

(1)桩基础施工、基坑护壁施工过程的泥浆。

(2)混凝土(砂浆)搅拌机械、模板、工具的清洗产生的泥浆污水。

(3)现场制作水磨石施工的泥浆。

(4)油料、化学溶剂泄漏。

(5)生活污水。

(6)将有毒废弃物掩埋于土中等。

(二)防治水污染的主要措施

防治水污染的主要措施:

(1)回填土应作过筛处理,严禁将有害物质掩埋于土中。

(2)施工现场应设置排水沟和沉淀池,现场废水严禁直接排入市政污水管网和河流。

(3)现场存放的油料、化学溶剂等应设有专门的库房,地面应进行防渗漏处理。使用时,还应采取防止油料和化学溶剂跑、冒、滴、漏的措施。

(4)卫生间的地面、化粪池等应进行抗渗处理。

(5)食堂、盥洗室、淋浴间的下水管线应设置隔离网,并应与市政污水管线连接,保证排水通畅。

(6)食堂应设置隔油池,并应及时清理。

四、固体废弃物污染的防治

固体废弃物是指生产、建设、日常生活和其他活动中产生的固态、半固态废弃物质。固体废弃物是一个极其复杂的废物体系。按其化学组成可分为有机废弃物和无机废弃物;按其对环境和人类的危害程度可分为一般废弃物和危险废弃物。固体废弃物对环境的危害是全方位的,主要会侵占土地、污染土壤、污染水体、污染大气、影响环境卫生等。

(一)建筑工程现场常见的固体废弃物

建筑工程现场常见的固体废弃物包括:

(1)建筑渣土,包括砖瓦、碎石、混凝土碎块、废钢铁、废屑、废弃装饰材料等。

(2)废弃材料,包括废弃的水泥、石灰等。

(3)生活垃圾,包括炊厨废物、丢弃食品、废纸、废弃生活用品等。

(4)设备、材料等的废弃包装材料等。

(二)固体废弃物的处置

固体废弃物处理的基本原则是采取资源化、减量化和无害化处理,对固体废弃物产生的全过程进行控制。固体废弃物的主要处理方法有:

1.回收利用

回收利用是对固体废弃物进行资源化、减量化的重要手段之一。对建筑渣土可视具体情况加以利用;废钢铁可按需要做金属原材料;对废电池等废弃物应分散回收,集中处理。

2.减量化处理

减量化处理是对已经产生的固体废弃物进行分选、破碎、压实浓缩、脱水等减少其最终处置量,降低处理成本,减少对环境的污染。在减量化处理的过程中,也包括和其他处理技术相关的工艺方法,如焚烧、解热、堆肥等。

3.焚烧技术

焚烧用于不适合再利用且不宜直接予以填埋处置的固体废弃物,尤其是对受到病菌、病毒污染的物品,可以用焚烧进行无害化处理。焚烧处理应使用符合环境要求的处理装置,注意避免对大气的二次污染。

4.稳定和固化技术

稳定和固化技术是指利用水泥、沥青等胶结材料,将松散的固体废弃物包裹起来,减小废弃物的毒性和可迁移性,使得污染减少的技术。

5.填埋

填埋是固体废弃物处理的最终补救措施,经过无害化、减量化处理的固体废弃物残渣集中到填埋场进行处置。填埋场应利用天然或人工屏障,尽量使需处理的废物与周围的生态环境隔离,并注意废物的稳定性和长期安全性。

五、照明污染的防治

夜间施工应当严格按照建设行政主管部门和有关部门的规定,对施工照明器具的种类、灯光亮度加以严格控制,特别是在城市市区、居民居住区内,必须采取有效的措施,减少施工照明对附近城市居民的危害。

拓展视域

其他污染防治措施

1. 施工现场环境卫生落实分工包干。制定卫生管理制度,设专职现场自治员两名,建筑垃圾做到集中堆放,生活垃圾设专门垃圾箱,并加盖,每日清运。确保生活区、作业区保持整洁环境。

2. 合理修建临时厕所,不准随地大小便,厕所内设冲水设施,制定保洁制度。

3. 在现场大门内两侧、办公、生活、作业区空余地方,合理布置绿化设施,做到美化环境。

4. 砂石料等散装物品车辆全封闭运输,车辆不超载运输。在施工现场设置冲洗水枪,车辆做到净车出场,避免在场内外道路上"抛、洒、滴、漏"。

5. 保护好施工周围的树木、绿化,防止损坏。

6. 如在挖土等施工中发现文物等,立即停止施工,保护好现场,并及时报告文物局等有关单位。

7. 多余土方在规定时间、规定路线、规定地点弃土,严禁乱倒乱堆。

任务3　熟悉文明工地的创建

一、确定文明工地管理目标

创建文明工地是建筑工程企业提高企业形象,深入贯彻以人为本、构建和谐社会的重要举措,确定文明工地管理目标又是实现文明工地的先决条件。

(一)确定文明工地管理目标

确定文明工地管理目标时,应考虑的因素有:

(1)工程项目自身的危险源与不利环境因素识别、评价和防范措施。

(2)适用法规、标准、规范和其他要求的选择和确定。

(3)可供选择的技术和组织方案。

(4)生产经营管理上的要求。

(5)社会相关方(社区、居民、毗邻单位等)的意见和要求。

(二)文明工地管理目标

工程项目部创建文明工地,管理目标一般应包括以下方面:

(1)安全管理目标:

1)伤、亡事故控制目标。

2)火灾、设备、管线以及传染病传播、食物中毒等重大事故控制目标。

3)标准化管理目标。

(2)环境管理目标:

1)文明工地管理目标。

2)重大环境污染事件控制目标。

3)扬尘污染物控制目标。

4)废水排放控制目标。

5)噪声控制目标。

6)固体废弃物处置目标。

7)社会相关方投诉的处理情况。

二、建立创建文明工地的组织机构

工程项目经理部要建立以项目经理为第一责任人的创建文明工地责任体系,建立健全文明工地管理组织机构。

(1)工程项目部文明工地领导小组,由项目经理、项目副经理、项目技术负责人以及安全、技术、施工等主要部门(岗位)负责人组成。

(2)文明工地工作小组,主要包括以下方面:

1)综合管理工作小组。

2)安全管理工作小组。

3)质量管理工作小组。

4)环境保护工作小组。

5)卫生防疫工作小组。

6)季节性灾害防范工作小组等。

各地还可以根据当地气候、环境、工程特点等因素建立相关工作小组。

三、制定创建文明工地的规划措施及实施要求

(一)规划措施

文明施工规划措施应与施工规划设计同时按规定进行审批。主要规划措施:

(1)施工现场平面划分与布置。

(2)环境保护方案。

(3)现场防安全事故措施。

(4)卫生防疫措施。

(5)现场保安措施。

(6)现场防火措施。

(7)交通组织方案。

(8)综合管理措施。

(9)社区服务。

(10)应急救援预案等。

(二)实施要求

工程项目部在开工后,应严格按照文明施工方案(措施)组织施工,并对施工现场管理实施控制。

工程项目部应将有关文明施工的规划,向社会作出张榜公示,公布并告知开、竣工日期,投诉和监督电话,自觉接受社会各界的监督。

工程项目部要强化全体员工教育,提高全员安全生产和文明施工的素质。可利用横幅、标语、黑板报等形式,加强有关文明施工的法律、法规、规程、标准的宣传工作,使得文明施工深入人心。

工程项目部在对施工人员进行安全技术交底时,必须将文明施工的有关要求同时进行交底,并在施工作业时督促其遵守相关规定,高标准、严要求地做好文明工地创建工作。

四、加强创建过程的控制与检查

对创建文明工地的规划措施的执行情况,工程项目部要严格执行日常巡查和定期检查制度,检查工作要从工程开工做起,直至竣工交验为止。

工程项目部每月检查应不少于四次。检查应依据国家、行业《建筑施工安全检查标准》(JGJ 59—1999)、地方和企业等有关规定,对施工现场的安全防护措施、环境保护措施、文明施工责任制以及各项管理制度等落实情况进行重点检查。

在检查中发现的一般安全隐患和违反文明施工的现象,要按"三定"(定人,定期限,定措施)原则予以整改;对各类重大安全隐患和严重违反文明施工的现象,项目部必须认真地进行原因分析,制订纠正和预防措施,并对实施情况进行跟踪检查。

五、文明工地的评选

施工企业内部的文明工地评选,应参照有关文明工地检查评分标准以及本企业有关文明工地评选规定进行。

参加省、市级文明工地的评选,应按照本行政区域内建设行政主管部门的有关规定,实行预申报与推荐相结合、定期评查与不定期抽查相结合的方式进行评选。

1.申报文明工地的工程应提交的书面资料

申报文明工地的工程,应提交的书面资料包括:

(1)工程中标通知书。

(2)施工现场安全生产保证体系审核认证通过证书。

(3)安全标准化管理工地结构阶段复验合格审批单。

(4)文明工地推荐表。

(5)设区市建筑安全监督机构检查评分资料一式一份。

(6)《省级建筑施工文明工地申报表》一式两份。

(7)工程所在地建设行政主管部门规定的其他资料。

2.取消省级文明工地评选资格的情况

在创建省级文明工地项目过程中,在建项目有下列情况之一的,取消省级文明工地评选资格。

(1)发生重大安全责任事故的。

(2)省、市建设行政主管部门随机抽查分数低于70分的。

(3)连续两次考评分数低于85分的。

(4)有违法违纪行为的。

项目五 // 现代安全生产管理

项目介绍

⊙ 介绍现代安全生产管理概述；
⊙ 介绍现代安全生产管理的基本原理；
⊙ 介绍职业健康安全管理体系标准及认证；
⊙ 介绍《绿色施工导则》简介。

项目目标

⊙ 了解现代安全生产管理概述；
⊙ 掌握现代安全生产管理的基本原理；
⊙ 熟悉职业健康安全管理体系标准及认证；
⊙ 了解《绿色施工导则》简介。

案例导入

某工程，建筑面积为 3 200 m²，建筑高度为 109 m，框架剪力墙结构。该工程由某建筑公司总承包，监理单位为某工程建设监理公司，土建部分由南通市某建筑公司分包，施工机械由南通市某建筑公司负责提供，垂直运输采用了人货两用的外用施工电梯。2002 年 6 月工程主体结构施工至 24 层，6 月 28 日电梯司机上午运输人员至下午上班后，见电梯无人使用便擅自离岗回宿舍睡觉，且电梯没有拉闸上锁。此时有几名工人需乘电梯，因找不到司机，其中一名机械工便私自操作，当电梯运行至 24 层后发生冒顶事故，从 66 m 高处出轨坠落，造成 5 人死亡，1 人受伤的特大伤亡事故。

案例分析

通过对以上事故的情况了解，该工程施工中，存在以下安全管理问题：

(1)分包单位南通市某建筑公司管理混乱。施工升降机安装后不进行验收即投入使用，对施工升降机的安装和使用，国家和行业均颁布有相应的标准，而该建筑公司在电梯安装前不制定安装方案，且安装后不经验收确认，在安装不合格和安全装置无效的情况下冒险使用。另外，该施工单位对作业人员缺乏严格的管理。对电梯司机没有严格的管理制度，致使工作时间擅自离岗且不锁好配电箱和吊笼，导致他人随意动用电梯。公司其他工种人员缺少安全培训教育和严格的约束制度,致使无证人员擅自操作电梯。由于存在诸多不安全隐患,当吊笼发生意外时,电梯的安全装置又失去作用导致事故的发生。

(2)总承包单位和监理单位失职。《建设工程安全生产管理条例》明确规定:建设工程实行总承包的,由总承包单位对施工现场的安全生产负责,工程监理单位应当按照相关规范和要求,监督安全技术措施的实施。而该工程电梯安装前没有编制实施方案,安装后也不报验,总承包单位和监理单位至事故发生前,未尽到管理和监管的职责。

(3)市场安全监管混乱。当地安全监督管理设置了两套管理机构,一是当地建设行政主管部门的安全监督管理机构,另一个是当地市政府下属的安全监督管理机构。管理机构的重复设置,导致安全管理矛盾和漏洞的出现,影响了行政执法的严肃性,给市场管理造成一定的混乱。

想一想 以上仅仅是从安全管理方面进行了事故的分析,请你结合后续的项目知识,在安全技术方面分析一下存在哪些问题?事故的性质和主要责任如何确定?

相关知识

近年来,一些发达国家一直力图把包括劳工标准在内的有关内容纳入世界经济贸易体系中,把安全生产问题与国际贸易挂钩,形成事实上的非关税贸易壁垒。我国在加入世界贸易组织后面临许多新的问题,其中也包括履行国际劳工组织提出的职业安全健康标准等问题的严峻挑战。我国是一个发展中国家,由于经济基础和技术水平等原因,与发达国家相比存在一定差距,在短时间内很难达到目前发达国家的安全生产水平,安全生产有可能成为影响我国建筑企业参与国际市场竞争的潜在因素。在这种背景下,我们必须改变过去传统的安全生产管理模式,建立起与国际化接轨的职业安全健康管理体系,逐步实现现代化、规范化、科学化和国际化的安全管理体系,促进安全生产形势根本好转,使得我国建筑工程企业在国内、国际市场竞争中赢得优势和市场准入的通行证。

目前,我国安全生产形势虽趋于平稳,但伤亡事故仍时有发生,党和政府及社会各界都十分关注。党中央、国务院有关领导也多次强调,坚持标本兼治,综合治理,把安全生产工作纳入法制化、规范化轨道。鼓励、帮助企业建立职业安全健康管理体系,建立健全现代企业安全生产自我约束机制,实现绿色施工是我国安全生产的治本之策。

任务1 了解现代安全生产管理概述

现代安全生产管理是一门新兴的学科。为了有助于系统学习和掌握现代安全生产管理,首先要对安全生产管理科学的理论发展,以及安全生产管理科学的理论体系作一基本的了解。

一、安全生产管理的发展历史

通过人类长期的安全生产实践,以及安全科学与事故理论的研究和发展,我们已清楚地认识到,要有效地预防生产与生活中的事故、保障人类的安全生产和安全生活,有三大安全对策:一是安全工程技术对策,这是技术系统本质安全化的重要手段;二是安全教育对策,这是人因安全素质的重要保障措施;三是安全管理对策,这一对策既涉及的物的因素,即对生产过程设备、设施、工具和生产环境的标准化、规范化管理,也涉及人的因素,即作业人员的行为科学管理等。因此,安全生产管理科学是安全科学技术体系中重要的分支学科,是人类预防事故的"三大对策"的重要方面。

从管理对象的角度来看,安全生产管理由近代的事故管理,发展到现代的隐患管理。早期,人们把安全生产管理等同于事故管理,仅仅围绕事故本身作文章,安全生产管理的效果是有限的。只有强化了隐患的控制,消除危险,事故的预防才高效,因此,20世纪60年代发展起来的安全系统工程强调了系统的危险控制,揭示了隐患管理的机理。21世纪,隐患管理将得到推行和普及。

从管理过程的角度来看,早期是事故后管理,进展到20世纪60年代后,强化超前和预防型管理(以安全系统工程为标志)。随着安全生产管理科学的发展,人们逐步认识到,安全生产管理是人类预防事故三大对策之一,科学的管理要协调安全系统中的人—机—环诸因素,管理不仅是技术的一种补充,更是对生产人员、生产技术和生产过程的控制与协调。21世纪,要落实这种认识和过程。

从管理理论的角度来看,从建立在事故致因理论基础上的管理,发展到现代的科学管理。20世纪30年代美国著名的安全工程师海因里希,提出了1∶29∶300安全管理法则,事故致因理论的研究为近代工业安全做出了非凡贡献。到了20世纪后期,现代的安全生产管理理论有了全面的发展,如安全系统工程、安全人机工程、安全行为科学、安全法学、安全经济学、风险分析与安全评价等。21世纪,安全生产管理科学园地将更是百花争妍。

从管理技法的角度来看,安全生产管理从传统的行政手段、经济手段,以及常规的监督检查,发展到现代的法制手段、科学手段和文化手段;从基本的标准化、规范化管理,发展到以人为本、科学管理的技巧与方法。21世纪,安全生产管理系统工程、安全评价、风险管理、预期型管理、目标管理、无隐患管理、行为抽样技术、重大危险源评估与监控等现代安全生产管理方法,将会大显身手,安全文化的手段将成为重要的安全生产管理方法。

二、现代安全生产管理方法及特点

安全生产管理科学首先涉及的是常规安全管理,有时也称为传统安全管理,如安全行政管理、安全监督检查、安全设备设施管理、劳动环境及卫生条件管理、事故管理等。也包括巡检挂牌制、班组安全活动、班组安全建设等施工现场微观安全管理技术。随着现代企业制度的建立和安全科学技术的发展,更需要发展科学、合理、有效的现代安全管理方法和技术。现代安全生产管理是现代社会和现代企业实现现代安全生产和安全生活的必经之路。一个具有现代技术的生产企业必然需要相适应的现代安全生产管理科学。目前,现代安全生产管理是安全管理工程中最活跃、最前沿的研究和发展领域。

现代安全生产管理工程的理论和方法有:安全哲学原理;安全系统论原理;安全控制论原理;安全信息论原理;安全经济学原理;安全协调学原理;安全思维模式的原理;事故预测与预防原理;事故突变原理;事故致因理论;事故模型学;安全法制管理;安全目标管理法;无隐患管理法;安全行为抽样技术;安全经济技术与方法;安全评价;安全行为科学;安全管理的微机应用;安全决策;事故判定技术;本质安全技术;危险分析方法;风险分析方法;系统安全分析方法;系统危险分析;故障树分析;PDCA循环法;危险控制技术;安全文化建设等。

现代安全生产管理的意义和特点在于:要变传统的纵向单因素安全管理为现代的横向综合安全管理;变传统的事故管理为现代的事件分析与隐患管理(变事后型为预防型);变传统的

被动的安全管理对象为现代的安全管理动力;变传统的静态安全管理为现代的安全动态管理;变过去企业只顾生产经济效益的安全辅助管理为现代的效益、环境、安全与卫生的综合效果的管理;变传统的被动、辅助、滞后的安全管理程序为现代主动、本质、超前的安全管理程序;变传统的外迫型安全指标管理为内激型的安全目标管理(变次要因素为核心事业)。

任务 2　掌握现代安全生产管理的基本原理

一、安全系统论原理

系统是指由若干相互联系、相互作用的要素所构成的有特定功能与目的的有机整体。系统按其组成性质,分为自然系统、社会系统、思维系统、人工系统、复合系统等;按系统与环境的关系分为孤立系统、封闭系统和开放系统。系统具有整体性、稳定性、有机联系性、目的性、动态性、结构决定功能的六方面特性。

系统原理就是运用系统理论对管理进行系统分析,以达到科学管理的优化目标。系统原理的掌握和运用对提高管理效能有重大作用。

系统科学是研究系统一般规律、系统的结构和系统优化的科学,它对于管理也具有一般方法论的意义。因此,系统科学最基本的理论,即系统论、控制论和信息论,对现代企业的安全管理具有基本的理论指导意义。从系统科学基本原理出发,用系统论来指导认识安全管理的要素、关系和方向;用控制论来论证安全管理的对象、本质、目标和方法;用信息论来指导安全管理的过程、方式和策略。通过安全系统理论和原理的认识和研究,将能提高现代企业安全管理的层次和水平。

安全生产管理系统是生产管理的一个子系统,它包括各级安全管理人员、安全防护设备与设施、安全管理规章制度、安全生产操作规范和规程以及安全生产管理信息等。安全贯穿生产经营活动的各个方面,安全生产管理是全方位、全天候和涉及全体人员的管理。

二、安全信息论原理

信息是现代社会发展的产物,是反映事物之间的差异及其变化的一种形式。其中,事物之间的差异及其变化,是信息的本质;反映差异及变化的形式,是信息的外延现象。

安全信息是安全活动所依赖的资源,安全信息是反映人类安全事物和安全活动之间的差异及其变化的一种形式。安全科学是一门新兴的交叉学科。安全科学的发展,离不开信息科学技术的应用。安全管理就是借助于大量的安全信息进行管理,其现代化水平取决于信息科学技术在安全管理中的应用程度。只有充分地发挥和利用信息科学技术,才能使安全管理工作处于社会生产现代化的进程中。

安全信息原理就是研究安全信息的定义、类型,研究安全信息的获取、处理、存储、传输等技术。安全信息类型分为一次安全信息和二次安全信息。一次安全信息指生产和生活过程中的人、机、环境的客观安全性,以及发生事故的现场;二次安全信息包括安全法规、条例、政策、标准,安全科学理论、技术文献,企业安全规划、总结、分析报告等。安全信息流技术首先要认识生产和生活中的人—人信息流,人—机信息流,人—环信息流,机—环信息流等。安全信息动力技术涉及系统管理网络、检验工程技术,监督、检查,规范化和标准化的科学管理等。

安全信息是企业编制安全管理方案的依据,具有间接预防和控制事故的功能。

对于职业健康安全的管理工作,运用网络技术,可以查询安全法规、标准或条例,了解国家、行业的安全生产文件、通知或新的对策及要求,学习安全科学技术的理论、方法和技术,汇报企业的安全生产形势和工作,企业间进行安全生产的经验交流和问题探讨。这些利用计算机网络来完成是如此的轻而易举,如此地方便快捷。

实现上述目标和任务所要求的技术,在硬件上仅仅是一条电话线和一台常规的微机等,在软件上,除了常用的计算机操作平台外,就只需通过一家网络公司登记或通过邮电公共网络自行连接,即能上路观景。具备上述条件后,最重要的一步就是要知道需要访问的网址,即需要掌握世界各国、各地的职业安全专业网络的地址,以便准确地登门拜访,获取所需。

目前开通的中文网站有中国安全网(http://www.safety.com.cn)、国家安全生产信息网(http://www.anquan.ac.cn)、中国职业安全卫生信息(http://www.cs.safety.inf.org.cn)、香港劳工局(http://www.info.gov.hk)、香港职业安全卫生协会(http://www.hk.super.net)、香港职业安全卫生局(http://www.hkosha.org.hk)、台湾职业安全卫生研究院(http://192.192.46.66)、台湾工业安全卫生协会(http://www.isha.org.tw)等。

三、安全控制论原理

管理学的控制原理认为一项管理活动由4个方面的要素构成:一是控制者,即管理者和领导者。前者执行的主要是程序性控制、常规控制,后者执行的是职权性控制、非常规控制。二是控制对象,包括管理要素中的人、财、物、时间、信息等资源及其结构系统。三是控制手段和工具,主要包括管理的组织机构和管理法规、计算机、信息等。四是控制成果。管理学上的控制分为前馈控制和后馈控制、目标控制、行为控制、资源使用控制、结果控制等。

在安全管理领域,安全控制论要研究组织合理的安全生产的管理人员和领导者;明确事故防范的控制对象,对人员、安全投资、安全设备和设施、安全计划、安全信息和事故数据等要素要合理地组织和运行;建立合理的管理机制,设置有效的安全专业机构,制定实用的安全生产规章制度,开发基于计算机管理的安全信息管理系统;进行安全评价、审核、检查的成果总结机制等。

运用控制原理对安全生产进行科学管理,其过程包括3个基本步骤:一是建立安全生产的判断准则(指安全评价的内容)和标准(确定的对优良程度的要求);二是衡量安全生产实际管理活动与预定目标的偏差(通过获取、处理、解释事故、风险、隐患等安全管理信息,确定如何采取纠正上述偏差状态的措施);三是采取相应安全管理、安全教育以及安全工程技术等纠正不良偏差或隐患的措施。

安全管理的一般性控制原则:

(1)闭环控制原则,要求安全管理要讲求目的性和效果性,要有评价。

(2)分层控制原则,安全的管理和技术的实现的设计要讲阶梯性和协调性。

(3)分级控制原则,管理和控制要有主次,要讲求单项解决的原则。

(4)动态控制性原则,无论技术上或管理上要有自组织、自适应的功能。

(5)等同原则,无论是从人的角度还是物的角度必须是控制因素的功能大于和高于被控制因素的功能。

(6)反馈原则,对于计划或系统的输入要有自检、评价、修正的功能。

四、安全协调学原理

从协调理论出发,安全管理应遵循如下最基本的协调学原理。

(一)组织协调学原理

组织协调学原理要求安全的组织机构要进行合理的设置;安全机构职能要有科学的分工;事故、隐患要分类和分级管理;安全管理的体制要协调高效;管理能力、组织发展、安全决策要有效和高效;事故应急管理指挥系统应在功能性和高效性等方面有总体的要求和协调。

(二)专业人员保障系统的协调原理

专业人员保障系统的协调原理要求建立安全专业人员的资格保证机制:通过发展学力教育和设置安全工程师职称系列,对安全专业人员进出要有具体严格的任职要求;企业内部的安全管理要建立兼职人员网络系统:企业内部从上到下设置全面、系统、有效安全管理组织和人员网络等。

(三)安全经济投资保障协调合理机制

安全经济投资保障协调合理机制要求研究安全投资结构的关系,如在企业的各种安全投资项目中,要掌握如下安全投资结构的比例协调关系:安全措施经费:个人防护品费用,从目前不合理的 1:2 投资比例结构,逐步过渡到合理的工业发达国家 2:1 的结构;安全技术费用:企业卫生费用,从现行的 1.5:1 的比例结构,逐步过渡到 1:1 结构。正确认识预防性投入与事后整改投入的等价关系,即要懂得预防性投资 1 元相当于事故整改投资 5 元的效果,这一安全经济的基本定量规律是指导安全经济活动的重要基础。安全效益金字塔的关系是,设计时考虑 1 分的安全性,相当于加工和制造时的 10 分安全性效果,而能达到运行或投产时的 1 000 分安全性效果,这一规律指导我们考虑安全问题要尽量的超前。要研究和掌握安全措施投资政策和立法,讲求谁需要、谁受益、谁投资的原则,建立国家、企业、个人协调的投资保障系统。要进行科学的安全技术经济评价,进行有效的风险辨识及控制,事故损失测算,保险与事故预防的机制,推行安全经济奖励与惩罚、安全经济(风险)抵押等方法等。

五、安全法学原理

建立和完善安全生产法规是现代安全管理的基本原理之一。安全生产法规在安全管理中的作用主要表现在以下几个方面:

(一)为保护劳动者的安全健康提供法律保障

我国的安全生产法规是以搞好安全生产、工业卫生,保障职工在生产中的安全、健康为前提的。它不仅从管理上规定了人们的安全行为规范,也从生产技术上、设备上规定实现安全生产和保障职工安全健康所需的物质条件。多年安全生产工作实践表明,切实维护劳动者安全健康的合法权益,单靠思想政治教育和行政管理不行,不仅要制订出各种保证安全生产的措施,而且要强制人人都必须遵守规章,要用国家强制力来迫使人们按照科学办事,尊重自然规律、经济规律和生产规律,尊重群众,保证劳动者得到符合安全卫生要求的劳动条件。

(二)加强安全生产的法制化管理

安全生产法规是加强安全生产法制化管理的章程,很多重要的安全生产法规都明确规定了各个方面加强安全生产、安全生产管理的职责,推动了各级领导特别是企业领导对劳动保护工作的重视,把这项工作摆上领导和管理的议事日程。

(三)指导和推动安全生产工作的发展,促进安全生产

安全生产法规反映了保护生产正常进行、保护劳动者劳动中安全健康所必须遵循的客观规律,对企业搞好安全生产工作提出了明确要求。同时,由于它是一种法律规范,具有法律约束力,要求人人都要遵守,因此,它对整个安全生产工作的开展具有用国家强制力推行的作用。

(四)促进生产力的提高,保证社会主义建设事业的顺利发展

安全生产是职工十分关切并关系到他们切身利益的大事,通过安全生产立法,使劳动者的安全卫生有了保障。职工能够在符合安全卫生要求的条件下从事劳动生产,必然会激发他们的劳动积极性和创造性,从而促使劳动生产率的大大提高。安全生产法律、法规对生产的安全卫生条件提出与现代化建设相适应的强制性要求,这就迫使企业领导在生产经营决策上,以及在技术、装备上采取相应措施,以改善劳动条件、加强安全生产为出发点,加速技术改造的步伐,推动社会生产率的提高。

在社会主义现代化建设中安全生产以法律形式,协调人与人之间、人与自然之间的关系,维护生产的正常秩序,为劳动者提供安全、卫生的劳动条件和工作环境,促进社会主义现代化建设的顺利进行。

任务 3   熟悉职业健康安全管理体系标准及认证

2001 年 6 月,国际劳工组织第 281 次理事会会议上,审议通过并颁布了《职业健康安全管理体系导则》(ILO—OSH 2001),为世界各国开展此项工作提供了坚实、灵活和合理的基础。国家安全生产监督管理局在原有工作基础上,参考该导则有关内容,制定并以国家经贸委公告(2001 年第 30 号)形式于 2001 年 12 月颁布了《职业健康安全管理体系指导意见》和《职业健康安全管理体系审核规范》,国家标准化委员会和国家认证认可委员会联合发布了《职业健康安全管理体系规范》(GB/T 28001—2001);2002 年 3 月,国家安全生产监督管理局发布了《职业健康安全管理体系审核规范—实施指南》(GB/T 28002—2002);2003 年 7 月,国家安全生产监督管理局发布了《建筑企业职业健康安全管理体系实施指南》。其目的是阐明我国职业健康安全管理体系框架,明确国家安全生产监督管理局作为全国安全生产综合管理部门在职业健康安全管理体系工作中的领导地位和职业安全健康管理体系认证指导委员会的工作职责和原则。职业健康安全管理体系的核心是要求企业采用现代化的管理模式,使包括安全生产管理在内的所有生产经营活动科学、规范并有效,通过建立安全健康风险的预测、评价、定期审核和持续改进完善机制,从而预防事故发生和控制职业危害。推行职业健康安全管理体系是国家安全生产监督与管理工作的一个重大举措,是落实包括经营管理者在内的全体员工岗位责任制的一个具体措施,它必将为进一步推动我国安全生产监督与管理工作科学化、规范化和法制化建设发挥重要作用。

值得说明的是,对 OHSMS(Occupational Health and Safety Management System)的中文名称很不统一,有称"职业健康安全管理体系",也有称"职业安全健康管理体系",还有称"职业安全卫生管理体系"。无论如何,职业健康(卫生)应当是安全管理的重要内容。除了一些法规性文件外,本文一律称 OHSMS 为"职业健康安全管理体系"。

GB/T 28001—2001 和 OHSMS—2001 与 OHSAS 18001 在体系的宗旨、结构和内容上相

同或相近。因此,我国企业可以选择上述三个管理体系标准之一作为职业健康安全管理体系认证标准。

一、《职业健康安全管理体系规范》简介

《职业健康安全管理体系规范》(以下简称《规范》)具有系统性、预防性、全员性、动态性和全过程控制的特征。它以"系统安全"思想为核心,将企业的各个生产要素组合起来作为一个系统,通过危险辨识、风险评价和控制等手段来达到控制安全事故发生的目的。《规范》将管理重点放在对事故的预防上,在管理过程中持续不断地根据预先确定的程序和目标,定期审核和完善系统的不安全因素,使系统达到最佳的安全状态。

《规范》的模式分为5个过程:即职业健康安全方针,策划,实施和运行,检查与纠正以及管理评审。体系标准的文件结构分为4章:即第一章范围、第二章规范性引用文件、第三章术语以及第四章职业健康安全管理体系要素。其中第四章是标准的主要内容,阐述了有关的要素及其要求,具体包括4.1总要求、4.2职业健康安全方针、4.3策划、4.4实施和运行、4.5检查和纠正以及4.6管理评审,共包括17个要素。

(一)制定职业健康安全方针

企业首先应有一个经最高管理者批准的职业健康安全方针,该方针应清楚阐明职业健康安全总目标和改进职业健康安全绩效的承诺。

制定的职业健康安全方针:

(1)适合于组织的职业健康安全风险的性质和规模。

(2)包括持续改进的承诺。

(3)包括组织至少遵守现行职业健康安全法律、法规和组织其他要求的承诺。

(4)形成文件,实施并保持。

(5)传达到全体员工,使其认识各自的职业健康安全义务。

(6)可为相关方所获取。

(7)定期评审,以确保其与组织保持相关和适宜。

(二)策划

策划过程包括危险源辨识、风险评价和风险控制的策划;法规和其他要求的识别和获得;管理目标的建立和管理方案的制定等工作。其中主要工作是危险源识别、风险评价和风险控制。这是整个管理体系的基础。

1.危险源辨识

企业应当进行危险源辨识、风险评价和实施必要的控制措施,建立并保持程序,这些程序应包括以下内容:

(1)企业的常规和非常规活动。

(2)所有进入工作场所的人员(包括合同方人员和访问者)的活动。

(3)工作场所的设施(无论是由本组织还是外界所提供)。

进行危险源的辨识,可以从对下列三个问题的解答着手:

(1)有伤害的来源吗?

(2)谁(或什么)会受到伤害?

(3)伤害如何发生?

危险源的辨识和风险评价的方法应该：

(1)依据风险的范围、性质和时限性进行辨识，以确保该方法是主动性而不是被动性的。

(2)规定风险分级，识别可通过《规范》中规定的措施消除或控制风险。

(3)与运行经验和所采取的风险控制措施的能力相适应。

(4)为确定设施要求、识别培训需要和(或)开展运行控制提供输入信息。

(5)规定对所要求的活动进行监视，以确保其及时有效地实施。

进行辨识时，宜按照我国在1992年发布的国家标准《生产过程危险和有害因素分类与代码》(GB/T 13861—92)进行。该标准适用于各个行业在规划、设计和组织生产时，对危险源的预测和预防、伤亡事故的统计分析和应用计算机管理。按照该标准，危险源分为物理性危险和有害因素，化学性危险和有害因素，生物性危险和有害因素，心理、生理性危险和有害因素，行为性危险和有害因素以及其他危险和有害因素等六大类。在进行危险源辨识时可参照该标准的分类和编码，以便管理。

在进行危险源辨识时，对于危险源可能发生的伤害可以明确忽略时，则不宜列入文件或进一步考虑。

辨识的方法有询问交谈、现场观察、查阅有关记录、获取外部信息、工作任务分析、安全检查表、危险和可操作性研究、事故树分析、故障树分析等。这些方法都有其各自的特点和局限性，因此一般都使用两种或两种以上的方法识别危险源。

2.风险评价和风险控制

对辨识后的危险源应进行风险评价。估算其潜在的伤害程度和发生的可能性，然后对风险进行分级。当然也可用数据值取代风险的描述，但数值的方法并不意味着评价更为准确。GB/T 28002推荐的简单风险水平评估，将风险分为五级，如表5-1所示。

表5-1 简单的风险水平评估

可能性	严重程度(后果)		
	轻微伤害	伤害	严重伤害
极不可能	可忽略的风险	可容许的风险	中度风险
不可能	可容许的风险	中度风险	重大风险
可能	中度风险	重大风险	不可容许的风险

依据表5-1提供的风险分级，即可确定是否需要采取控制措施或采取什么性质的措施以及行动的时间表。在此，仅推荐一种探讨性的研究方法，具体内容可参考表5-2。

表5-2 基于风险水平的简单措施计划

风险水平	措施和时间表
可忽略的风险	无需采取措施且不必保持文件记录
可容许的风险	无需增加另外的控制措施。宜考虑成本效益增加解决方案或不增加额外成本的改进措施。需要监视以确保控制措施得以保持
中度风险	宜努力降低风险，但宜仔细测量和限定预防措施的成本，宜在规定的时间内实施风险降低措施；当中度风险的后果属于"严重伤害"时，则需要进一步的评价，以便更准确地确定伤害的可能性，从而确定是否需要改进控制措施

续表

风险水平	措施和时间表
重大风险	对于尚未进行的工作或继续工作,则不宜开始工作,直至风险降低为止。为了降低风险,可能必须配置大量的资源,对于正在进行的工作,则在继续工作的同时宜采取应急措施
不可容许的风险	不宜开始工作或继续工作,直至风险降低为止。如果即使投入无限的资源也不可能降低风险,就必须禁止工作

风险评价的输出宜为一个按优先顺序排列的控制措施清单,控制措施应包括新设计的措施、拟保持的措施或加以改进的措施。

选择控制措施时应考虑以下因素:

(1)如果可能,则完全消除危险源。

(2)如果不可能消除,则努力降低风险。

(3)采取技术进步、程序控制、安全防护等措施。

(4)当所有其他可选择的措施均已考虑后,作为最终手段而使用个体防护装备。

(5)考虑对应急方案的需求,建立应急计划,提供有关的应急设备。

(6)对监视措施的控制程度进行主动性的监视。

在控制措施计划确定后,应当在实施前进行必要的评审。评审的内容应当包括:

(1)更改的措施是否使风险降低至可允许的水平。

(2)是否产生新的危险源。

(3)是否已选定了成本效益最佳的解决方案。

(4)受影响的人员如何评价更改的预防措施的必要性和实用性。

(5)更改的预防措施是否会用于实际工作中,以及在其他压力情况下是否会被忽视。

风险评价是一个持续不断的过程,要持续评审控制措施的充分性。当条件变化时,要对风险进行重新评审。

3.法规和其他要求的识别和获得

在策划过程中,要考虑的其他工作还有识别和获得适用法规和其他职业健康安全要求;制定目标和管理方案。

识别和获得适用法规和其他职业健康安全要求是职业健康安全管理的一项重要内容。要求做到能识别需要应用哪些法规和要求;从哪里可获取;在哪里应用和及时更新。要采取最适宜的获取信息的手段,但并不要求企业建立一个包含很少涉及和使用的法规和要求的资料库。

(三)实施和运行

在实施和运行过程中,首先需要考虑的是企业的结构和职责。企业应对职业健康安全风险有影响的各类人员,确定其作用、职责和权限,并进行沟通。

该体系标准确定职业健康安全的最终责任由最高管理者承担。这里的最高管理者是指企业的最高领导层。企业应在最高管理者中指定一名成员作为管理者代表。管理者代表应有明确的作用、职责和权限,以确保职业健康安全管理体系的正确实施,并能在企业内执行各项要求。

确定职责时要特别注意不同职能之间的接口位置的人员职责,还要注意职业健康安全是企业内全体人员的责任,而不是只具有明确的职业健康安全职责的人员的责任。

实施和运行过程的其他要求是培训、协商和沟通;文件和资料控制;运行控制和应急准备。

(四)检查和纠正

企业应对其职业健康安全管理体系运行的绩效进行测量和监视。监视可分主动性和被动性两种。主动性的监视是企业主动监视自身的活动是否符合管理方案、运行要求和法律法规的要求;被动性的监视是从已发生的事件、事故和因事故损害造成的损失等方面监视企业体系的有效性。监视应有记录,并作为纠正和预防措施分析的依据。

通过监视发现的问题应采取与问题严重性相适应的纠正和预防措施。所拟定的措施在实施前还要进行评价。评价的目的是检查这些措施是否真的有效。如果这些措施的实施将对文件产生影响,则应相应地修正文件。

企业要定期地对体系进行内部审核。内部审核的重点是职业健康安全管理体系的绩效,而不是一般的安全检查。审核的要求是确定企业的体系能否满足有关标准和企业的方针及目标的要求。审核还要检查以前的审核所发现的问题是否得到了解决。参加审核的人员要求与审核的活动无关,但并不一定要求由外来的人员进行。

(五)管理评审

企业要按规定定期进行管理评审。管理评审要求由最高管理者主持。管理评审的要求是对职业健康安全管理体系进行评审,以确保体系的持续性、适宜性、充分性和有效性;管理评审应根据体系审核的结果、环境的变化和对持续改进的承诺,指出需要修改的体系方针、目标和其他要素。内部审核的结果是管理评审会议的重要输入。管理评审的结果应形成文件。

二、建筑业建立职业健康安全管理体系的作用和意义

(一)有助于提高企业的职业健康安全管理水平

职业健康安全管理体系概括了发达国家多年的安全管理经验,同时,体系本身具有相当的弹性,容许企业根据自身特点加以发挥和运用,并结合企业自身的管理实践加以创新。职业健康安全管理体系通过开展周而复始的策划、实施、检查、评审和持续改进等活动,使体系不断地完善,这种螺旋上升的运行模式,将不断地提高企业的职业安全健康管理水平。

(二)有助于提高企业的社会形象

为建立职业健康安全管理体系,企业必须对全体员工和相关方的健康安全提供有力的保证,这个过程体现了企业对员工生命和劳动的尊重,有利于改善企业的社会关系,提升企业的社会形象,增强企业的凝聚力,同时也提高了企业在金融、保险业中的信誉度和美誉度,从而增加获得贷款、降低保险成本的机遇,增强其市场的竞争力。

(三)有助于降低企业经营成本,提高经济效益

职业健康安全管理体系要求企业对其各个部门的员工进行相应的培训,使他们了解职业健康安全方针及各自岗位的安全操作规程,提高全体职工的安全意识,预防及减少安全事故的发生,降低安全事故的经济损失和经营成本。同时,职业健康安全管理体系还要求企业不断改善劳动者的作业条件,保障劳动者的身心健康,这也有助于提高企业职工的劳动效率,并进而提高企业的经济效益。

(四)有助于推动职业健康安全法规的贯彻和落实

职业健康安全管理体系将政府的宏观管理和企业自身的微观管理紧密地结合在一起,使

职业健康安全管理成为组织全面管理的一个重要组成部分,突破了政府以强制性指令为主要手段的单一管理模式,使企业由消极被动地接受监督管理,转变为主动地、规范地参与市场的行为,从而有助于国家有关法律法规的贯彻和落实。

(五)有助于促进我国建筑企业国际化进程

建筑业属于劳动密集型产业,从业人员达 4 000 万左右,而且我国建筑业由于具有较低的劳动力成本,在国际建筑市场竞争中应当具有较大的优势。但当前不少发达国家为保护其传统产业采用了一些非关税壁垒(如安全健康、环境保护等准入标准)来阻止发展中国家的产品与劳务进入本国市场。因此,我国企业要进入国际市场,就必须按照国际化的要求,规范自身的管理,冲破发达国家设置的种种准入限制。职业健康安全管理体系作为第三张标准化管理的国际通行证,一旦在建筑业实施,必将有助于我国建筑企业进入国际市场,并提高其在国际市场上的竞争力,并获得更大的经济效益。

三、建筑企业职业健康安全管理体系的基本特点

建筑企业在建立与实施职业健康安全管理体系时,应充分体现建筑业自身的基本特点,使整个体系具有较强的适应性和科学性。具体要求如下:

(一)危害辨识、风险评价和风险控制策划的动态管理

建筑工程不同于工业化的生产方式,施工现场的各个方面都在时刻发生着平面和空间变化。建筑企业在实施职业健康安全管理体系时,应根据客观情况的变化,及时对危害辨识、风险评价和风险控制过程进行动态的评审,并注意在发生变化前,即时采取适当的预防性措施。

(二)加强与各相关方的信息交流

建筑工程企业在生产经营过程中往往涉及多个相关方,为了确保职业安全健康管理体系的有效实施与不断改进,必须依据相应的程序和规定,通过各种形式加强与各相关方的信息交流与沟通。

(三)强化施工组织设计等设计活动的管理

必须通过实施职业安全健康管理体系,建立和完善对施工规划、施工组织设计以及分部分项安全技术措施方案的管理,确保每一项既定的安全技术和组织措施都是根据工程的具体特点、施工方法、劳动组织和作业环境等提出的,具有针对性,从而促进建筑工程的本质安全。

(四)强化承包方的教育与管理

建筑企业在实施职业健康安全管理体系时,应加强对全体员工的培训与教育,通过培训与教育形式来提高承包方(包括总承包方、分包方等)人员的职业安全健康意识与知识,并建立相应的管理程序,确保他们遵守企业的各项健康安全规定与要求,促进他们积极地参与体系的实施,以高度责任感履行其相应的职责。

(五)强化生活区健康安全管理

每一承包项目的施工活动中都要涉及现场各种临时设施,特别是施工人员住宿与餐饮等管理问题,极容易出现安全和职业卫生事故。实施职业健康安全管理体系时,必须控制现场各种临时生产设施和生活设施管理中的风险,建立并落实相应的管理制度和规定。

(六)融合

建筑企业应将职业健康安全管理体系作为其全面管理的一个组成部分,它的建立与运行既融合于整个企业的价值取向(包括体系内各要素、程序和功能与其他管理体系),也融合相关

方的管理体系,强化沟通管理,切实实现系统管理的要求。

四、职业安全健康管理体系认证的基本程序

实施职业健康安全管理体系的程序如下:领导决策→成立工作组→人员培训→危害辨识及风险评价→初始状态评审→职业健康安全管理体系策划与设计→体系文件编制→体系试运行→内部审核→管理评审→第三方审核及认证注册等。

建筑企业在进行职业健康安全管理体系认证时,可参考以下步骤来推进实施:

(一)教育与培训

职业健康安全管理体系的建立和完善过程,是始于教育,终于教育的过程,也是提高和统一认识的过程。教育与培训需要全员的参与,还要分层次、从上至下、循序渐进地进行,重点抓好管理层和内审员的教育与培训。

(二)初始评审

初始评审的目的是为职业健康安全管理体系的建立和实施提供基础,为职业安全健康管理体系的持续改进建立绩效基准。

初始评审主要包括以下内容:

(1)收集相关职业健康安全的法律、法规和其他要求,对其适用性及需遵守的内容进行确认,并对遵守情况进行调查和评价。

(2)对现有或计划的建筑工程相关活动进行危害辨识和风险评价。

(3)分析、判断现有或计划采取的措施是否能够消除危害或控制风险。

(4)对所有现行职业健康安全管理的规定、过程和程序等进行检查、分析,并评价其对管理体系的要求是否具有有效性和适用性。

(5)分析、统计以往建筑安全事故情况以及员工健康监护情况等相关信息,包括人员伤亡、职业病、财产损失的统计、防护记录和趋势等。

(6)对现行组织机构、资源配备和职责分工等组织管理情况进行评估。

为实现职业健康安全管理体系绩效的持续改进,建筑企业应参照职业健康安全管理体系实施章节中初始评审的相关要求定期进行复评。

(三)体系策划

根据初始评审的结果和本企业的资源情况,进行职业健康安全管理体系的策划。策划工作主要包括以下方面:

(1)确立职业健康安全方针。

(2)确定职业健康安全体系目标及其管理方案。

(3)根据职业健康安全管理体系的要求进行职能分配和机构职责分工。

(4)制定职业健康安全管理体系的文件结构和各层次文件清单。

(5)准备为建立和实施职业健康安全管理体系所必要的资源。

(6)落实文件编写。

(四)体系试运行

建筑企业各部门和全体人员都按照职业健康安全管理体系的要求开展相应的健康安全管理和建筑工程活动,对职业健康安全管理体系进行试运行,以检验体系策划与文件规定的可行性、充分性、有效性和适宜性。

（五）评审完善

通过职业健康安全管理体系的试运行,特别是依据职业健康安全管理活动和结果的测量、审核与评审的结果,检查与确认职业健康安全管理体系各要素是否按照计划要求有效运行,是否达到了预期的目标。若发生偏离,应及时采取相应的改进措施,使所建立的职业健康安全管理体系得到进一步的完善。初始评审的结果应形成文件,并作为建立职业健康安全管理体系的基础。

五、建筑工程企业职业健康安全管理体系认证的工作重点

（一）建立健全组织体系

建筑工程企业应当把全体员工的健康和安全放在首要的位置上,并在企业内部设置各级职业健康安全管理部门,配备相应的管理人员,规定其作用、职责和权限,以确保职业健康安全管理体系的有效地建立、实施与运行,实现职业健康安全目标。

（二）全员参与及培训

建筑企业为了有效地开展体系的策划、实施、检查与改进工作,必须基于相应的培训来确保所有人员均具备必要的职业健康安全知识和技能,掌握有关安全生产规章制度和安全操作规程,正确使用和维护安全和职业病防护设备及防护用品,具备本岗位的健康安全操作技能,及时发现和报告事故隐患或者其他健康安全危险因素。

（三）协商与交流

建筑企业应通过建立有效的沟通与交流机制,确保全体员工在职业健康安全方面的权利,并鼓励他们积极参与职业健康安全管理活动,促进各职能部门之间的职业健康安全信息交流和及时接收处理相关方关于职业健康安全方面的意见和建议,为实现建筑企业职业健康安全方针和目标提供支持。

（四）文件化

与 ISO 9000 和 ISO 14000 类似,职业安全健康管理体系的文件可分为管理手册（A 层次）、程序文件（B 层次）、作业文件（C 层次,即工作指令、作业指导书、记录表格等）3 个层次。

（五）应急预案与响应

建筑企业应依据危害辨识、风险评价和风险控制的结果以及法律法规等要求,通过以往事故、事件和紧急状况的经历以及应急响应演练及改进措施效果的评审,针对施工过程中安全事故、特殊气候、突然停电等潜在事故隐患或紧急情况,建立健全应急预案与响应。

（六）评价

评价的目的是要求建筑企业及时或定期地发现其职业健康安全管理体系的运行过程中或体系自身所存在的问题,并确定出问题产生的根源或需要持续改进的措施。体系评价主要包括绩效监测与测量,事故和事件不符合的调查、审核、管理评审等。

（七）改进措施

改进措施的目的是要求建筑企业针对职业健康安全管理体系绩效监测与测量、事故和事件不符合的调查、审核以及管理评审活动所提出的纠正与预防措施的要求,制定出具体的实施方案并予以保持,确保体系的自我完善,并依据管理评审等评价的结果,不断寻求持续改进建筑企业自身职业健康安全管理体系方法,从而不断消除、降低或控制各类职业健康安全危害和风险。职业健康安全管理体系的改进措施主要包括纠正与预防措施和持续改进两个方面。

六、整合型认证

改革开放以来，为了与国际化管理接轨，不少建筑工程企业都相继进行了 ISO 9001—2000 的质量管理体系、ISO 14001—1996 环境管理体系和 GB/T 18001 职业健康安全管理体系等认证。由于标准的出台有先后，因此建筑企业都在按各自不同的需要进行和采取了分别认证的管理方式，这样对一个企业就必须同时对质量（QMS）、环境（EMS）、安全（OHSMS）分别编制多套手册、多套程序、多次内审、多次监察，给企业带来了极大的负担和不便。近年来国际上就针对这一问题进行了整合型（或称一体化）国际认证管理体系的探索和尝试，即将两个或两个以上的管理体系有机地统一在一起进行认证。

尽管 3 个体系的目标不同，ISO 9000 质量体系是要满足质量管理和对顾客满意的要求，ISO 14000 环境管理体系是要服从众多相关方的需求，特别是法规的要求，OHSAS 18000 职业安全健康管理体系则主要是关注组织内部员工的人身权益。但 3 个体系都遵循相同的管理原理，依据标准在企业内部建立文件化的体系，依靠事前建立文件体系指导和控制实际管理的行为，都强调通过 PDCA 管理模式实现可持续改进。因此，整合认证不会影响体系在建立过程中充分发挥其相同点或不同点所提供的条件，相反会进一步加强组织的整个管理体系有效、协同运转，以便更好地发挥管理系统的功能，切实实现各自的管理目标。本世纪管理的发展趋势就是将这三类管理体系同时运用在企业生产经营活动的管理中，使社会满意、客户满意、员工满意。

任务 4　　了解《绿色施工导则》简介

节能减排已成为当今世界各国共同关注并致力于实现的发展目标。国家建设部于 2005 年确定了我国建筑节能的发展目标，要求新建建筑全面执行节能 50% 的设计目标。而节能减排的根本目的是保护我们赖以生存的环境，实现人类可持续发展的要求。这与安全生产的目标是一致的。所以，环境保护与安全生产是密不可分的。

为实现节能减排和环境保护的要求，建设部于 2007 年 9 月 10 日发布了《绿色施工导则》（建质[2007]223 号）（以下简称《导则》），其主要目的是用于指导建筑工程的绿色施工，使建筑工程的整个过程始终贯彻绿色施工的新理念。我国尚处于经济快速发展阶段，作为大量消耗资源、影响环境的建筑业，更应全面实施绿色施工，承担起可持续发展的社会责任。

绿色施工是指工程建设中，在保证工程质量、安全等基本要求的前提下，通过科学管理和技术进步，最大限度地节约资源与减少对环境负面影响的施工活动，实现四节一环保（节能、节地、节水、节材和环境保护）。

在《导则》中，明确了绿色施工的原则：绿色施工是建筑全寿命周期中的一个重要阶段。实施绿色施工，应进行总体方案优化。在规划、设计阶段，应充分考虑绿色施工的总体要求，为绿色施工提供基础条件。实施绿色施工，应对施工策划、材料采购、现场施工、工程验收等各阶段进行控制，加强对整个施工过程的管理和监督。

《导则》确定了绿色施工总体框架：由施工管理、环境保护、节材与材料资源利用、节水与水资源利用、节能与能源利用、节地与施工用地保护 6 个方面组成。这 6 个方面涵盖了绿色施工的基本指标,同时包含了施工策划、材料采购、现场施工、工程验收等各阶段的指标的子集。

《导则》订立了绿色施工的要点:绿色施工管理、环境保护、节材与材料资源利用、节水与水资源利用、节能与能源利用和节地与施工用地保护6个方面的具体要求。

《导则》鼓励发展绿色施工的新技术、新设备、新材料与新工艺应用。要求施工方案应建立推广、限制、淘汰公布制度和管理办法。发展适合绿色施工的资源利用与环境保护技术,对落后的施工方案进行限制或淘汰,鼓励绿色施工技术的发展,推动绿色施工技术的创新。

《导则》倡导大力发展现场监测技术、低噪声的施工技术、现场环境参数检测技术、自密实混凝土施工技术、清水混凝土施工技术、建筑固体废弃物再生产品在墙体材料中的应用技术、新型模板及脚手架技术的研究与应用。

《导则》要求加强信息技术应用,如绿色施工的虚拟现实技术、三维建筑模型的工程量自动统计、绿色施工组织设计数据库建立与应用系统、数字化工地、基于电子商务的建筑工程材料、设备与物流管理系统等。通过应用信息技术,进行精密规划、设计、精心建造和优化集成,实现与提高绿色施工的各项指标。

我国绿色施工尚处于起步阶段,应通过试点和示范工程,总结经验,引导绿色施工的健康发展。各地应根据具体情况,制订有针对性的考核指标和统计制度,制订引导施工企业实施绿色施工的激励政策,促进绿色施工的发展。

《导则》的出台,填补了建筑施工环节推进绿色建筑的空白,是推进绿色建筑的关键性举措,也是深入贯彻安全生产的必然要求。

贯彻《导则》,切实推进绿色施工,教育是基础,管理是关键,创新是必由之路。建筑工程队伍是文化技术素质参差不齐、总体偏低,且是变动性较大的群体。推进绿色施工,关系到行业的每一个员工,贯穿建筑工程活动的始终。因此,什么是绿色施工,怎样才能做到绿色施工,在既定的工程项目上推进绿色施工的重点、难点是什么等,必须进行宣传教育。从工程施工的准备工作开始,到工程竣工的全过程,要反复进行教育,对每一批新进工地的施工队伍,都要进行教育。教育的重点,是工程上的管理人员、技术人员。每个施工企业也都要进行绿色施工的宣传教育,使大家了解绿色施工的基本要求,切实树立起绿色施工的观念,切实实现科学发展观的要求。

加强管理是落实绿色施工的关键。施工管理因项目不同、施工组织关系不同而变化较大。工程总承包单位的工程技术管理人员必须把绿色施工的各项要求纳入到施工组织设计中,落实到工程管理、工序管理、现场材料加工管理等各项管理中去,并严格检查落实。总承包单位还要指导督促各分包单位落实绿色施工的各项要求。只有参与施工的各方都按绿色施工的要求去做,抓好绿色施工的每个环节,才能不断提高绿色施工的水平,实现以人为本、持续发展的目标。

当前的施工方式,有不少环节、不少做法是不符合节约能源、节约材料、保护环境和安全生产等要求的,必须创新予以改进。因此,推进绿色施工,必须走创新之路。比如,钢筋的施工现场加工和绑扎,既污染环境,又浪费材料,保证不了工程质量,甚至还给现场施工带来诸多的安全隐患。由工厂加工,向工地配送,现场安装已证明是个好的办法,应该予以推广。又如,工厂加工、现场组装,减少施工现场的作业量,特别是湿作业量,减少操作人员的危险作业,即走工业化之路。虽然历史上经历几次反复,却始终没有坚持下去。作者认为大力发展建筑工程的工业化水平,在保证建筑物多样化的前提下,使建筑构件标准化、系列化,是推进绿色建筑,保证安全生产,乃至转变建筑业的发展方式的可行之路。

能力训练题

一、单选题

1."十一五"发展规划首次提出了(　　)的理念。

A. 安全生产　　　　　B. 安全发展　　　　　C. 安全风险　　　　　D. 现代安全生产管理

2.《建筑法》规定:必须为从事危险作业的职工(　　)。

A. 办理养老保险,支付保险费

B. 办理失业保险,支付保险费

C. 办理意外伤害保险,支付保险费

D. 提高劳动报酬,提供安全防护用品

3.《建设工程施工现场管理规定》属于(　　)。

A. 法律　　　　　B. 行政法规　　　　　C. 部门规章　　　　　D. 规范性文件

4.《建筑施工企业安全生产管理机构设置及专职安全生产管理人员配备办法》规定:10 000~50 000 m² 的建筑施工工程,专职安全生产管理人员的配置至少应为(　　)人。

A. 1　　　　　　　B. 2　　　　　　　C. 3　　　　　　　D. 4

5.劳务分包企业建设工程项目施工人员 50~200 人的,应至少设(　　)名专职安全生产管理人员。

A. 1　　　　　　　B. 2　　　　　　　C. 3　　　　　　　D. 4

6.对施工项目的安全生产负全面领导责任的是(　　)。

A. 企业负责人　　　　　　　　　　B. 项目经理

C. 项目技术负责人　　　　　　　　D. 项目专职安全员

7.专职管理和技术人员接受安全教育与培训的时间每年不少于(　　)学时。

A. 15　　　　　　　B. 20　　　　　　　C. 30　　　　　　　D. 40

8.建筑工程工地四周应按规定设置连续、密闭的围栏,在市区主要路段和市容景观道路及机场、码头、车站广场设置的围栏其高度不得低于 2.5 m,在其他路段设置的围栏,其高度不得低于(　　)m。

A. 1.2　　　　　　B. 1.5　　　　　　C. 1.8　　　　　　D. 2.0

9.一般规定,在新工人上岗工作(　　)个月后,还要进行安全再教育。

A. 3　　　　　　　B. 4　　　　　　　C. 5　　　　　　　D. 6

10.开挖深度超过(　　)m 的基坑(槽)并采用支护结构施工的工程,其安全专项施工方案应当组织专家进行论证审查。

A. 3   B. 5   C. 7   D. 10

11. 一般伤亡事故在 24 h 以内,重大和特大伤亡事故在(　　)h 以内报到主管部门。

A. 1   B. 12

C. 4   D. 2

12. 国家级应急救援预案属于应急救援预案中的(　　)级。

A. I   B. II

C. IV   D. V

13. 现代安全管理的特点之一在于:变传统的静态安全管理为现代的(　　)安全管理。

A. 动态   B. 纵向综合

C. 静态   D. 横向综合

14. 企业为其员工缴纳的工伤社会保险平均费率一般不超过工资总额的(　　)。

A. 0.5%   B. 1.0%

C. 1.2%   D. 2.0%

二、多选题

1. 安全生产中的"综合治理"的内涵包括(　　)。

A. 强化施工企业管理

B. 企业负责与保障

C. 中介支持与服务

D. 员工利益与自律

E. 政府监管与指导

2. 下列属于行政法规的有(　　)。

A. 《中华人民共和国安全生产法》

B. 《建设工程安全生产管理条例》

C. 《安全生产许可证条例》

D. 《建筑安全生产监督管理规定》

E. 《国务院关于特大安全事故行政责任追究的规定》

3. 根据《建筑法》的规定,施工中发生事故时,应当(　　)。

A. 采取紧急措施

B. 减少人员伤亡

C. 减少事故损失

D. 立即进行事故处理

E. 按国家有关规定,及时向有关部门报告

4. 建筑工程企业安全生产检查评价划分为(　　)3个等级。

A. 优良   B. 合格

C. 基本合格   D. 一般

E. 不合格

5. 建筑工程生产中,预防事故应采取的方式有(　　)。

A. 约束人的不安全行为

B. 消除物的不安全状态

C. 采取隔离防护措施

D. 尽量避免危险作业

E. A+B+D

6.按照安全事故报告制度的规定,建筑工程企业在发生事故后应当向(　　)报告。

A. 安全生产监督管理部门

B. 建设行政主管部门

C. 特种设备安全监督管理部门

D. 其他有关部门

E. 监理单位

7.安全技术交底制度中规定,应交底的内容包括(　　)。

A. 工程概况

B. 施工方法

C. 安全技术措

D. 质量要求

E. 急救措施

8.下列属于特种作业人员的是(　　)。

A. 钢筋工

B. 电焊工

C. 起重信号工

D. 安装拆卸工

E. 垂直运输机械操作人员

9.需要组织专家论证,审查安全专项施工方案的工程有(　　)。

A. 开挖 5 m 以上的基坑土方

B. 跨度超过 18 m 的水平混凝土构件

C. 脚手架工程

D. 城市房屋爆破工程

E. 建筑幕墙的安装工程

10.《安全生产法》确立的安全生产的基本法律制度有(　　)。

A. 安全生产监督管理制度

B. 项目经理责任制度

C. 生产经营单位安全保障制度

D. 从业人员的安全生产权利义务制度

E. 安全生产责任追究、事故应急和处理制度

三、主观题

背景资料:

某工程的安全检查评分汇总表如表1所示,表中已填有部分数据。

表1　建筑施工安全检查评分汇总表

企业名称：×××　　　　　　　经济类型：×××　　　　　　　资质等级：×××

单位工程（施工现场）名称	建筑面积 m²	结构类型	总计得分（满分分值为100分）	项目名称及分类									
				安全管理（满分分值为10分）	文明施工（满分分值为20分）	脚手架（满分分值为10分）	基坑支护与模板工程（满分分值为10分）	"三宝""四口"防护（满分分值为10分）	施工用电（满分分值为10分）	物料提升机与外用电梯（满分分值为10分）	塔吊（满分分值为10分）	起重吊装（满分分值为5分）	施工机具（满分分值为5分）
				7.8		8.2	8.0				8.5	缺项	缺项
评语：													
检查单位	×××		负责人	×××		受检项目	×××		项目经理	×××			

该工程《文明施工检查评分表》《"三宝""四口"防护检查评分表》《施工机具检查评分表》等分表的实得分分别为80分、76分和72分。《施工用电检查评分表》实得分为68分（其中保证项目得分为38分，一般项目得分为30分）。

问题：

1.换算到汇总表中，《文明施工检查评分表》分项实得分为（　　　）。

A.8　　　　　　　　B.12　　　　　　　　C.16　　　　　　　　D.20

2.汇总后，本工程总计得分为（　　　）分。

A.59.7　　　　　　　B.66.5　　　　　　　C.70.2　　　　　　　D.78.2

3.根据《建筑施工安全检查标准》，下列说法正确的有（　　　）。

A.检查评定结论分为优良、合格、不合格三个等级

B.检查评定结论分为优良、合格、基本合格、不合格四个等级

C.优良等级的要求是：汇总表得分在80分（含80分）以上；保证项目得分符合要求

D.本案例所检查的工程最后评定结论应该是"合格"

E.本案例所检查的工程最后评定结论应该是"不合格"

4.安全检查的方法主要有（　　　）。

A."听"，听取安全生产情况的介绍

B."看"，查看管理记录、持证上岗、现场标识、交接验收资料、"三宝"使用、"洞口""临边"防护、设备防护装置等情况

C."量"，用尺实测实量相关距离、尺寸

D."测"，用仪器、仪表实地进行相关测量

E."现场操作"，由安全员工对各种限位装置进行实际运行验证，检验其灵敏程度

四、思考与拓展题

1.结合目前我国建筑业的安全生产现状和建设工程的特点，请谈一下你的解决思路和方法。

2."安全第一、预防为主、综合治理"不是简单的 12 个字,这里面涵盖着深刻的内容和意义,请大家讨论和体会一下。

3."安全生产,人人有责",请结合你毕业后希望的就业岗位,想一想你的安全责任。然后再考虑一下相关方和人员的安全责任。

4.请实际考察一下当地的几个施工现场,再结合教材,谈谈你对应急预案、安全教育、安全检查、文明施工等管理内容的理解和想法,并展望一下今后的安全管理应当是什么情形。

5.结合教材的相关内容,请谈一下在建筑业推广并实施职业健康安全管理体系以及绿色施工的必要性和紧迫性。

参考答案

一、单选题

1. B 2. C 3. C 4. B 5. B 6. B 7. D

8. C 9. D 10. B 11. D 12. D 13. A 14. B

二、多选题

1. BCDE 2. BCE 3. ABCE 4. ABE 5. ABC

6. ABCD 7. ABCE 8. BCDE 9. ABD 10. ACDE

三、主观题(略)

四、思考与拓展题(略)

附　录

附录一　建筑施工安全检查标准(JGJ 59—1999)

1　总则

1.0.1　为了科学地评价建筑施工安全生产情况,提高安全生产工作和文明施工的管理水平,预防伤亡事故的发生,确保职工的安全和健康,实现检查评价工作的标准化、规范化,制定本标准。

1.0.2　本标准适用于建筑施工企业及其主管部门对建筑施工安全工作的检查和评价。

1.0.3　本标准主要采用安全系统工程原理,结合建筑施工中伤亡事故规律,依据国家有关法律法规、标准和规程而编制。

1.0.4　在按本标准检查时,除应符合本标准外,尚应符合国家现行有关强制性标准的规定。

2　检查分类及评分方法

2.0.1　对建筑施工中易发生伤亡事故的主要环节、部位和工艺等的完成情况做安全检查评价时,应采用检查评分表的形式,分为安全管理、文明工地、脚手架、基坑支护与模板工程、"三宝""四口"防护、施工用电、物料提升机与外用电梯、塔吊、起重吊装和施工机具共十项分项检查评分表和一张检查评分汇总表。

注:1."三宝"系指安全帽、安全带和安全网。

2."四口"系指通道口、预留洞口、楼梯口、电梯井口。

2.0.2　在安全管理、文明施工、脚手架、基坑支护与模板工程、施工用电、物料提升机与外用电梯、塔吊和起重吊装八项检查评分表中,设立了保证项目和一般项目,保证项目应是安全检查的重点和关键。

2.0.3　各分项检查评分表中,满分为 100 分。表中各检查项目得分应为按规定检查内容所得分数之和。每张表总得分应为各自表内各检查项目实得分数之和。

2.0.4　在检查评分中,遇有多个脚手架、塔吊、龙门架与井字架等时,则该项得分应为各单项实得分数的算术平均值。

2.0.5　检查评分不得采用负值。各检查项目所扣分数总和不得超过该项应得分数。

2.0.6　在检查评分中,当保证项目中有一项不得分或保证项目小计得分不足 40 分时,此检查评分表不应得分。

2.0.7 汇总表满分为100分。各分项检查表在汇总表中所占的满分分值应分别为：安全管理10分、文明施工20分、脚手架10分、基坑支护与模板工程10分、"三宝""四口"防护10分、施工用电10分、物料提升机与外用电梯10分、塔吊10分、起重吊装5分和施工机具5分。在汇总表中各分项项目实得分数应按下式计算：

$$在汇总表中各分项目实得分数 = 汇总表中该项应得满分分值 \times \frac{该项检查评分表实得分数}{100}$$

2.0.8 检查中遇有缺项时，汇总表总得分应按下式计算：

$$遇有缺项时汇总表总得分 = \frac{实查项目在汇总表中按各对应的实得分值之和}{实查项目在汇总表中应得满分的分值之和} \times 100$$

2.0.9 多人对同一项目检查评分时，应按加权评分方法确定分值。权数的分配原则应为：专职安全人员与其他人员；专职安全人员的权数为0.6，其他人员的权数为0.4。

2.0.10 建筑施工安全检查评分，应以汇总表的总得分及保证项目达标与否，作为对一个施工现场安全生产情况的评价依据，分为优良、合格、不合格三个等级。

1.优良

保证项目分值均应达到第2.0.6条规定得分标准，汇总表得分值应在80分及其以上。

2.合格

(1)保证项目分值均应达到第2.0.6条规定得分标准，汇总表得分值应在70分及其以上。

(2)有一分表未得分，但汇总表得分值必须在75分及其以上。

(3)当起重吊装检查评分表或施工机具检查评分表未得分，但汇总表得分值在80分及其以上。

3.不合格

(1)汇总表得分值不足70分。

(2)有一分表未得分，且汇总表得分在75分以下。

(3)当起重吊装检查评分表或施工机具检查评分表未得分，且汇总表得分值在80分以下。

3 检查评分表

3.0.1 建筑施工安全检查评分汇总表主要内容：

安全管理、文明施工、脚手架、基坑支护与模板工程、"三宝"及"四口"防护、施工用电、物料提升机与外用电梯、塔吊、起重吊装和施工机具十项。该表所示得分作为对一个施工现场安全生产情况的评价依据。

3.0.2 安全管理检查评分表是对施工单位安全管理工作的评价。检查的项目应包括安全生产责任制、目标管理、施工组织设计，分部(分项)工程安全技术交底、安全检查、安全教育、班前安全活动、特种作业持证上岗、工伤事故处理和安全标志十项内容。

3.0.3 文明施工检查评分表是对施工现场文明施工的评价。检查的项目应包括：现场围挡、封闭管理、施工场地、材料堆放、现场宿舍、现场防火、治安综合治理、施工现场标牌、生活设施、保健急救、社区服务十一项内容。

3.0.4 脚手架检查评分表分为落地式外脚手架检查评分表、悬挑式脚手架检查评分表、门型脚手架检查评分表、挂脚手架检查评分表、吊篮脚手架检查评分表、附着式升降脚手架安全检查评分表等六种脚手架的安全检查评分表。

3.0.5 基坑支护安全检查评分表是对施工现场基坑支护工程的安全评价。检查的项目应包括：施工方案、临边防护、坑壁支护、排水措施、坑边荷载、上下通道、土方开挖、基坑支护变形监测和作业环境九项内容。

3.0.6 模板工程安全检查评分表是对施工过程中模板工作的安全评价。检查的项目应包括:施工方案、支撑系统、立柱稳定、施工荷载、模板存放、支拆模板、模板验收、混凝土强度、运输道路和作业环境十项内容。

3.0.7 "三宝""四口"防护检查评分表是对安全帽、安全网、安全带、楼梯口与电梯井口、预留洞口与坑井口、通道口及阳台、楼板、屋面等临边使用及防护情况的评价。

3.0.8 施工用电检查评分表是对施工现场临时用电情况的评价。检查的项目应包括:外电防护、接地与接零保护系统、配电箱、开关箱、现场照明、配电线路、电器装置、变配电装置和用电档案九项内容。

3.0.9 物料提升机(龙门架、井字架)检查评分表是对物料提升机的设计制作、搭设和使用情况的评价。检查的项目应包括:架体制作、限位保险装置、架体稳定、钢丝绳、楼层卸料平台防护、吊篮、安装验收、架体、传动系统、联络信号、卷扬机操作棚和避雷十二项内容。

3.0.10 外用电梯(人货两用电梯)检查评分表是对施工现场外用电梯的安全状况及使用管理的评价。检查的内容应包括:安全装置、安全防护、司机、荷载、安装与拆卸、安装验收、架体稳定、联络信号、电气安全和避雷十项内容。

3.0.11 塔吊检查评分表是塔式起重机使用情况的评价。检查的项目应包括:力矩限制器、限位器、保险装置、附墙装置与夹轨钳、安装与拆卸、塔吊指挥、路基与轨道、电气安全、多塔作业和安装验收十项内容。

3.0.12 起重吊装安全检查评分表是对施工现场起重吊装作业和起重吊装机械的安全评价。检查的项目应包括:施工方案、起重机械、钢丝绳与地锚、吊点、司机、指挥、地耐力、起重作业、高处作业、作业平台、构件堆放、警戒和操作工十二项内容。

3.0.13 施工机具检查评分表是对施工中使用的平刨、圆盘锯、手持电动工具、钢筋机械、电焊机、搅拌机、气瓶、翻斗车、潜水泵和打桩机械十种施工机具安全状况的评价。

表 3.0.1　建筑施工安全检查评分汇总表

企业名称:　　　　　　　　　经济类型:　　　　　　　　　资质等级:

单位工程(施工现场)名称	建筑面积 m²	结构类型	总计得分(满分分值为100分)	项目名称及分值									
				安全管理(满分分值为10分)	文明施工(满分分值为20分)	脚手架(满分分值为10分)	基坑支护与模板工程(满分分值为10分)	"三宝""四口"防护(满分分值为10分)	施工用电(满分分值为10分)	物料提升与外用电梯(满分分值为10分)	塔吊(满分分值为10分)	起重吊装(满分分值为5分)	施工机具(满分分值为5分)
评语:													
检查单位			负责人		受检项目			项目经理						

表 3.0.2　安全管理检查评分表

序号	检查项目		扣分标准	应得分数	扣减分数	实得分数
1	保证项目	安全生产责任制	未建立安全责任制的,扣10分; 各级各部门未执行责任制的,扣4～6分; 经济承包中无安全生产指标的,扣10分; 未制定各工种安全技术操作规程的,扣10分; 未按规定配备专(兼)职安全员的,扣10分; 管理人员责任制考核不合格的,扣5分	10		
2		目标管理	未制定安全管理目标(伤亡控制指标和安全达标、文明施工目标)的,扣10分; 未进行安全责任目标分解的,扣10分; 无责任目标考核规定的,扣8分; 考核办法未落实或落实不好的,扣5分	10		
3		施工组织设计	施工组织设计中无安全措施,扣10分; 施工组织设计未经审批,扣10分; 专业性较强的项目,未单独编制专项安全施工组织设计,扣8分; 安全措施不全面,扣2～4分; 安全措施无针对性,扣6～8分; 安全措施未落实,扣8分	10		
4		分部(分项)工程安全技术交底	无书面安全技术交底,扣10分; 交底针对性不强,扣4～6分; 交底不全面,扣4分; 交底未履行签字手续,扣2～4分	10		
5		安全检查	无定期安全检查制度,扣5分; 安全检查无记录,扣5分; 检查出事故隐患整改做不到定人、定时间、定措施,扣2～6分; 对重大事故隐患整改通知书所列项目未如期完成,扣5分	10		
6		安全教育	无安全教育制度,扣10分; 新入厂工人未进行三级安全教育,扣10分; 无具体安全教育内容,扣6～8分; 变换工种时未进行安全教育,扣10分; 每有一人不懂本工种安全技术操作规程,扣2分; 施工管理人员未按规定进行年度培训的,扣5分; 专职安全员未按规定进行年度培训考核或考核不合格的,扣5分	10		

续表

序号	检查项目		扣分标准	应得分数	扣减分数	实得分数
7	一般项目	班前安全活动	未建立班前安全活动制度,扣10分; 班前安全活动无记录,扣2分	10		
8		特种作业持证上岗	一人未经培训从事特种作业,扣4分; 一人未持操作证上岗,扣2分	10		
9		工伤事故处理	工伤事故未按规定报告,扣3~5分; 工伤事故未按事故调查分析规定处理,扣10分; 未建立工伤事故档案,扣4分	10		
10		安全标志	无现场安全标志布置总平面图,扣5分; 现场未按安全标志总平面图设置安全标志的,扣5分	10		
检查项目合计				100		

表 3.0.3 文明施工检查评分表

序号	检查项目		扣分标准	应得分数	扣减分数	实得分数
1	保证项目	现场围挡	在市区主要路段的工地周围未设置高于2.5 m的围挡,扣10分; 一般路段的工地周围未设置高于1.8 m的围挡,扣10分; 围挡材料不坚固、不稳定、不整洁、不美观,扣5~7分; 围挡没有沿工地四周连续设置的,扣3~5分	10		
2		封闭管理	施工现场进出口无大门的,扣3分; 无门卫和无门卫制度的,扣3分; 进入施工现场不佩戴工作卡的,扣3分; 门头未设置企业标志的,扣3分	10		
3		施工场地	工地地面未做硬化处理的,扣5分; 道路不畅通的,扣5分; 无排水设施、排水不通畅的,扣4分; 无防止泥浆、污水、废水外流或堵塞下水道和排水河道措施的,扣3分; 工地有积水的,扣2分; 工地未设置吸烟处、随意吸烟的,扣2分; 温暖季节无绿化布置的,扣4分	10		
4		材料堆放	建筑材料、构件、料具不按总平面布局堆放的,扣4分; 料堆未挂名称、品种、规格等标牌的,扣2分; 堆放不整齐的,扣3分; 未做到工完场地清的,扣3分; 建筑垃圾堆放不整齐、未标出名称、品种的,扣3分; 易燃易爆物品未分类存放的,扣4分	10		

续表

序号	检查项目		扣分标准	应得分数	扣减分数	实得分数
5	保证项目	现场宿舍	在建工程兼做住宿的,扣8分; 施工作业区与办公、生活区不能明显划分的,扣6分; 宿舍无保暖和防煤气中毒措施的,扣5分; 宿舍无消暑和防蚊虫叮咬措施的,扣3分; 无床铺、生活用品放置不整齐的,扣2分; 宿舍周围环境不卫生、不安全的,扣3分	10		
6		现场放火	无消防措施、制度或无灭火器材的,扣10分; 灭火器材配置不合理的,扣5分; 无消防水源(高层建筑)或不能满足消防要求的,扣8分; 无动火审批手续和动火监护的,扣5分	10		
7	一般项目	治安综合治理	生活区未给工人设置学习和娱乐场所的,扣4分; 未建立治安保卫制度的,责任未分解到人的,扣3~5分; 治安防范措施不利,常发生失盗事件的,扣3~5分	8		
8		施工现场标牌	大门口处挂的五牌一图,内容不全,缺一项扣2分; 标牌不规范、不整齐的,扣3分; 无安全标语,扣5分; 无宣传栏、读报栏、黑板报等,扣5分	8		
9		生活设施	厕所不符合卫生要求,扣4分; 无厕所,随地大小便,扣8分; 食堂不符合卫生要求,扣8分; 无卫生责任制,扣5分; 不能保证供应卫生饮水的,扣10分; 无淋浴室或淋浴室不符合要求,扣5分; 生活垃圾未及时清理,未装容器,无专人管理的,扣3~5分	8		
10		保健急救	无保健医药箱的,扣5分; 无急救措施和急救器材的,扣8分; 未经培训的急救人员,扣4分; 未开展卫生防病宣传教育的,扣4分	8		
11		社区服务	无防粉尘、防噪音措施,扣5分; 夜间未经许可施工的,扣8分; 现场焚烧有毒、有害物质的,扣5分; 未建立施工不扰民措施的,扣5分	8		
检查项目合计				100		

表 3.0.4-1 落地式外脚手架检查评分表

序号	检查项目		扣分标准	应得分数	扣减分数	实得分数
1	保证项目	施工方案	脚手架无施工方案的,扣10分; 脚手架高度超过规范规定无设计计算书或未经审批的,扣10分; 施工方案,不能指导施工的,扣5~8分	10		
2		立杆基础	每10延长米立杆基础不平、不实、不符合方案设计要求的,扣2分; 每10延长米立杆缺少底座、垫木的,扣5分; 每10延长米无扫地杆的,扣5分; 每10延长米木脚手架立杆不埋地或无扫地杆的,扣5分; 每10延长米无排水措施的,扣3分	10		
3		架体与建筑结构拉结	脚手架高度在7m以上,架体与建筑结构拉结,按规定要求每少一处扣2分; 拉结不坚固每一处扣1分	10		
4		杆体间距与剪刀撑	每10延长米立杆、大横杆、小横杆间距超过规定要求的,每一处扣2分; 不按规定设置剪刀撑的每一处扣5分; 剪刀撑未沿脚手架高度连续设置或角度不符合要求的,扣5分	10		
5		脚手架与防护栏杆	脚手板不满铺,扣7~10分; 脚手板材质不符合要求,扣7~10分; 每有一处探头板扣2分; 脚手架外侧未设置密目式安全网的,或网间不严密,扣7~10分; 施工层不设1.2m高防护栏杆和挡脚板,扣5分	10		
6		交底与验收	脚手架搭设前无交底,扣5分; 脚手架搭设完毕未办理验收手续,扣10分; 无量化的验收内容,扣5分	10		
7	一般项目	小横杆设置	不按立杆与大横杆交点处设置小横杆的每有一处,扣2分; 小横杆只固定一端的每有一处,扣1分; 单排架子小横杆插入墙内小于24cm的,每有一处扣2分	10		
8		杆件搭接	木立杆、大横杆每一处搭接小于1.5m,扣1分; 钢管立杆采用搭接的,每一处扣2分	5		
9		架体内封闭	施工层以下每隔10m未用平网或其他措施封闭的,扣5分; 施工层脚手架内立杆与建筑物之间未进行封闭的,扣5分	5		
10		脚手架材质	木杆直径、材质不合要求的,扣4~5分; 钢管弯曲、锈蚀严重的,扣4~5分	5		
11		通道	架体不设上下通道的,扣5分; 通道设置不符合要求的,扣1~3分	5		
12		卸料平台	卸料平台未经设计计算,扣10分; 卸料平台搭设不符合设计要求,扣10分; 卸料平台支撑系统与脚手架连接的,扣8分; 卸料平台无限定荷载标牌的,扣3分	10		
	检查项目合计			100		

表 3.0.4-2　悬挑式脚手架检查评分表

序号	检查项目		扣分标准	应得分数	扣减分数	实得分数
1	保证项目	施工方案	脚手架无施工方案、设计计算书或未经上级审批的,扣10分; 施工方案中搭设方法不具体的,扣6分	10		
2		悬挑梁及架体稳定	外挑杆件与建筑结构连接不牢固的,每有一处扣5分; 悬挑梁安装不符合设计要求的,每有一处扣5分; 立杆底部固定不牢的,每有一处扣3分; 架体未按规定与建筑结构拉结的,每有一处扣5分	20		
3		脚手板	脚手板铺设不严、不牢,扣7~10分; 脚手板材质不符合要求,扣7~10分; 每有一处探头板,扣2分	10		
4		荷载	脚手架荷载超过规定,扣10分; 施工荷载堆放不均匀每有一处,扣5分	10		
5		交底与验收	脚手架搭设不符合方案要求,扣7~10分; 每段脚手架搭设后,无验收资料,扣5分; 无交底记录,扣5分	10		
6	一般项目	杆件间距	每10延长米立杆间距超过规定,扣5分; 大横杆间距超过规定,扣5分	10		
7		架体防护	施工层外侧未设置1.2 m高防护栏杆和未设18 cm高的踏脚板,扣5分; 脚手架外侧不挂密目式安全网或网间不严密,扣7~10分	10		
8		层间防护	作业层下无平网或其他措施防护的,扣10分; 防护不严密,扣5分	10		
9		脚手架材质	杆件直径、型钢规格及材质不符合要求,扣7~10分	10		
检查项目合计				100		

表 3.0.4-3　门型脚手架检查评分表

序号	检查项目		扣分标准	应得分数	扣减分数	实得分数
1	保证项目	施工方案	脚手架无施工方案,扣10分; 施工方案不符合规范要求,扣5分; 脚手架高度超过规范规定、无设计计算书或未经上级审批,扣10分	10		
2		架体基础	脚手架基础不平、不实、无垫木,扣10分; 脚手架底部不加扫地杆,扣5分	10		
3		架体稳定	不按规定间距与墙体拉结的,每有一处扣5分; 拉结不牢固的,每有一处扣5分; 不按规定设置剪刀撑的,扣5分; 不按规定高度作整体加固的,扣5分; 门架立杆垂直偏差超过规定的,扣5分	10		

续表

序号	检查项目		扣分标准	应得分数	扣减分数	实得分数
4	保证项目	杆件、锁件	未按说明书规定组装,有漏装杆件和锁件的,扣6分; 脚手架组装不牢、每一处紧固不合要求的,扣1分	10		
5		脚手板	脚手板不满铺,离墙大于10 cm以上的,扣5分; 脚手板不牢、不稳、材质不合要求的,扣5分	10		
6		交底与验收	脚手架搭设无交底,扣6分; 未办理分段验收手续,扣4分; 无交底记录,扣5分	10		
7	一般项目	架体防护	脚手架外侧未设置1.2 m高防护栏杆和18 cm高的挡脚板,扣5分; 架体外侧未挂密目式安全网或网间不严密,扣7~10分	10		
8		材质	杆件变形严重的,扣10分; 局部开焊的,扣10分; 杆件锈蚀未刷防锈漆的,扣5分	10		
9		荷载	施工荷载超过规定的,扣10分; 脚手架荷载堆放不均匀的,每有一处扣5分	10		
10		通道	不设置上下专用通道的,扣10分; 通道设置不符合要求的,扣5分	10		
检查项目合计				100		

表 3.0.4-4 挂脚手架检查评分表

序号	检查项目		扣分标准	应得分数	扣减分数	实得分数
1	保证项目	施工方案	脚手架无施工方案、设计计算书,扣10分; 施工方案未经审批,扣10分; 施工方案措施不具体、指导性差,扣5分	10		
2		制作组装	架体制作与组装不符合设计要求,扣17~20分; 悬挂点无设计或设计不合理,扣20分; 悬挂点部件制作及埋没不合设计要求,扣15分; 悬挂点间距超过2 m,每有一处扣20分	20		
3		材质	材质不符合设计要求、杆件严重变形、局部开焊,扣12分; 杆件、部件锈蚀未刷防锈漆,扣4~6分	10		
4		脚手板	脚手板铺设不满、不牢,扣8分; 脚手板材质不符合要求的,扣6分; 每有一处探头板的,扣8分	10		
5		交底与验收	脚手架进场无验收手续,扣10分; 第一次使用前未经荷载试验,扣8分; 每次使用前未经检查验收或资料不全,扣6分; 无交底记录,扣5分	10		
6		荷载	施工荷载超过1 kN的,扣5分; 每跨(不大于2 m)超过2人作业的,扣10分	15		

续表

序号	检查项目		扣分标准	应得分数	扣减分数	实得分数
7	一般项目	架体防护	施工层外侧未设置1.2 m高防护栏杆和18 cm高的踏脚板,扣5分; 脚手架外侧未用密目式安全网封闭或封闭不严,扣12~15分; 脚手架底部封闭不严密,扣10分	15		
8		安装人员	安装脚手架人员未经专业培训,扣10分; 安装人员未系安全带,扣10分	10		
检查项目合计				100		

表 3.0.4-5 吊篮脚手架检查评分表

序号	检查项目		扣分标准	应得分数	扣减分数	实得分数
1	保证项目	施工方案	无施工方案、无设计计算书或未经上级审批,扣10分; 施工方案不具体、指导性差,扣5分	10		
2		制作组装	挑梁锚固或配重等抗倾覆装置不合格,扣10分; 吊篮组装不符合设计要求,扣7~10分; 电动(手扳)葫芦使用非合格产品,扣10分; 吊篮使用前未经荷载试验,扣10分	10		
3		安全装置	升降葫芦无保险卡或失效的,扣20分; 升降吊篮无保险绳或失效的,扣20分; 无吊钩保险的,扣8分; 作业人员未系安全带或安全带挂在吊篮升降用的钢丝绳上,扣17~20分	20		
4		脚手板	脚手板铺设不满、不牢,扣5分; 脚手板材质不合要求,扣5分; 每有一处探头板,扣2分	5		
5		升降操作	操作升降的人员不固定和未经培训,扣10分; 升降作业时有其他人员在吊篮内停留,扣10分; 两片吊篮连在一起同时升降无同步装置或虽有但达不到同步的,扣10分	10		
6		交底与验收	每次提升后未经验收上人作业的,扣5分; 提升及作业未经交底的,扣5分	5		
7	一般项目	防护	吊篮外侧防护不符合要求的,扣7~10分; 外侧立网封闭不整齐的,扣4分; 单片吊篮升降两端头无防护的,扣10分	10		
8		防护顶板	多层作业无防护顶板的,扣10分; 防护顶板设置不符合要求,扣5分	10		
9		架体稳定	作业时吊篮未与建筑结构拉牢,扣10分; 吊篮钢丝绳斜拉或吊篮离墙空隙过大,扣5分	10		
10		荷载	施工荷载超过设计规定的,扣10分; 荷载堆放不均匀的,扣5分	10		
检查项目合计				100		

表 3.0.4-6　附着式升降脚手架(整体提升架或爬架)检查评分表

序号	检查项目		扣分标准	应得分数	扣减分数	实得分数
1		使用条件	未经建设部组织鉴定并发放生产和使用证的产品,扣10分; 不具有当地建筑安全监督管理部门发放的准用证,扣10分; 无专项施工组织设计,扣10分; 安全施工组织设计未经上级技术部门审批的,扣10分; 各工种无操作规程的,扣10分	10		
2		设计计算	无设计计算书的,扣10分; 设计计算书未经上级技术部门审批的,扣10分; 设计荷载未按承重架 3.0 kN/m² ,装饰架 2.0 kN/m² ,升降状态 0.5 kN/m² 取值的,扣10分; 压杆长细比大于150,受拉杆件的长细比大于300的,扣10分; 主框架、支撑框架(衍架)各节点的各杆件轴线不汇交于一点的,扣6分; 无完整的制作安装图的,扣10分	10		
3	保证项目	架体构造	无定型(焊接或螺栓连接)的主框架的,扣10分; 相邻两主框架之间的架体无定型(焊接或螺栓连接)的支撑框架(衍架)的,扣10分; 主框架间脚手架的立杆不能将荷载直接传递到支撑框架上的,扣10分; 架体未按规定构造搭设的,扣10分; 架体上部悬臂部分大于架体高度的 1/3,且超过 4.5 m 的,扣8分; 支撑框架未将主框架作为支座的,扣10分	10		
4		附着支撑	主框架未与每个楼层设置连接点的,扣10分; 钢挑架与预埋钢筋环连接不严密的,扣10分; 钢挑架上的螺栓与墙体连接不牢固或不符合规定的,扣10分; 钢挑架焊接不符合要求的,扣10分	10		
5		升降装置	无同步升降装置或有同步升降装置但达不到同步升降的,扣10分; 索具、吊具达不到 6 倍安全系数的,扣10分; 有两个以上吊点升降时,使用手拉葫芦(导链)的,扣10分; 升降时架体只有一个附着支撑装置的,扣10分; 升降时架体上站人的,扣10分	10		
6		防坠落、导向防倾斜装置	无防坠装置的,扣10分; 防坠装置设在与架体升降的同一个附着支撑装置上,且无两处以上的,扣10分; 无垂直导向和防止左右、前后倾斜的防倾装置的,扣10分; 防坠装置不起作用的,扣7~10分	10		

续表

序号	检查项目	扣分标准	应得分数	扣减分数	实得分数
7	分段验收	每次提升前,无具体的检查记录的,扣6分; 每次提升后、使用前无验收手续或资料不全的,扣7分	10		
8	脚手板	脚手板铺设不严不牢的,扣3～5分; 离墙空隙未封严的,扣3～5分; 脚手板材质不符合要求的,扣3～5分	10		
9	一般项目 防护	脚手架外侧使用的密目式安全网不合格的,扣10分; 操作层无防护栏杆的,扣8分; 外侧封闭不严的,扣5分; 作业层下方封闭不严的,扣5～7分	10		
10	操作	不按施工组织设计搭设的,扣10分; 操作前未向现场技术人员和工人进行安全交底的,扣10分; 作业人员未经培训,未持证上岗又未定岗位的,扣7～10分; 安装、升降、拆除时无安全警戒线的,扣10分; 荷载堆放不均匀的,扣5分; 升降时架体上有超过2 000 N的设备的,扣10分	10		
	检查项目合计		100		

表3.0.5　基坑支护安全检查评分表

序号	检查项目	扣分标准	应得分数	扣减分数	实得分数
1	施工方案	基础施工无支护方案的,扣20分; 施工方案针对性差不能指导施工的,扣12～15分; 基坑深度超过5 m无专项支护设计的,扣20分; 支护设计及方案未经上级审批的,扣15分	20		
2	保证项目 临边防护	深度超过2 m的基坑施工无临边防护措施的,扣10分; 临边及其他防护不符合要求的,扣5分	10		
3	坑壁支护	坑槽开挖设置安全边坡不符合安全要求的,扣10分; 特殊支护的做法不符合设计方案的,扣5～8分; 支护设施已产生局部变形又未采取措施调整的,扣6分	10		
4	排水措施	基坑施工未设置有效排水措施的,扣10分; 深基础施工采用坑外降水,无防止临近建筑危险沉降措施的,扣10分	10		
5	坑边荷载	积土、料具堆放距槽边距离小于设计规定的,扣10分; 机械设备施工与槽边距离不符合要求,又无措施的,扣10分	10		

续表

序号	检查项目	扣分标准	应得分数	扣减分数	实得分数
6	上下通道	人员上下无专用通道的,扣10分; 设置的通道不符合要求的,扣6分	10		
7	土方开挖	施工机械进场未经验收的,扣5分; 挖土机作业时,有人员进入挖土机作业半径内的,扣6分; 挖土机作业位置不牢、不安全的,扣10分; 司机无证作业的,扣10分; 未按规定程序挖土或超挖的,扣10分	10		
8	基坑支护变形监测	未按规定进行基坑支护变形监测的,扣10分; 未按规定对毗邻建筑物和重要管线和道路进行沉降观测的,扣10分	10		
9	作业环境	基坑内作业人员无安全立足点的,扣10分; 垂直作业上下无隔离防护措施的,扣10分; 光线不足未设置足够照明的,扣5分	10		
检查项目合计			100		

注:序号6-9为一般项目

表3.0.6 模板工程安全检查评分表

序号	检查项目	扣分标准	应得分数	扣减分数	实得分数
1	施工方案	模板工程无施工方案或施工方案未经审批的,扣10分; 未根据混凝土输送方法制定有针对性安全措施的,扣8分	10		
2	支撑系统	现浇混凝土模板的支撑系统无设计计算的,扣6分; 支撑系统不符合设计要求的,扣10分	10		
3	立柱稳定	支撑模板的立柱材料不符合要求的,扣6分; 立柱底部无垫板或用砖垫高的,扣6分; 不按规定设置纵横向支撑的,扣4分; 立柱间距不符合规定的,扣10分	10		
4	施工荷载	模板上施工荷载超过规定的,扣10分; 模板上堆料不均匀的,扣5分	10		
5	模板存放	大模板存放无防倾倒措施的,扣5分; 各种模板存放不整齐、过高等不符合安全要求的,扣5分	10		
6	支拆模板	2m以上高处作业无可靠立足点的,扣8分; 拆除区域未设置警戒线且无监护人的,扣5分; 留有未拆除的悬空模板的,扣4分	10		

注:序号1-6为保证项目

续表

序号	检查项目		扣分标准	应得分数	扣减分数	实得分数
7	一般项目	模板验收	模板拆除前未经拆模申请批准的,扣5分; 模板工程无验收手续的,扣6分; 验收单无量化验收内容的,扣4分; 支拆模板未进行安全技术交底的,扣5分	10		
8		混凝土强度	模板拆除前无混凝土强度报告的,扣5分; 混凝土强度未达规定提前拆模的,扣8分	10		
9	一般项目	运输道路	在模板上运输混凝土无走道垫板的,扣7分; 走道垫板不稳不牢的,扣3分	10		
10		作业环境	作业面孔洞及临边无防护措施的,扣10分; 垂直作业上下无隔离防护措施的,扣10分	10		
检查项目合计				100		

表 3.0.7 "三宝""四口"防护检查评分表

序号	检查项目	扣分标准	应得分数	扣减分数	实得分数
1	安全帽	有一人不戴安全帽的扣5分; 安全帽不符合标准的每发现一顶扣1分; 不按规定佩戴安全帽的有一人扣1分	20		
2	安全网	在建工程外侧未用密目安全网封闭的,扣25分; 安全网规格、材质不符合要求的,扣25分; 安全网未取得建筑安全监督管理部门准用证的,扣25分	25		
3	安全带	每有一人未系安全带的扣5分; 有一人安全带系挂不符合要求的扣3分; 安全带不符合标准,每发现一条扣2分	10		
4	楼梯口、电梯井口防护	每一处无防护措施的扣6分; 每一处防护措施不符合要求或不严密的扣3分; 防护设施未形成定型化、工具化,扣6分; 电梯井内每隔两层(不大于10 m)少一道平网的扣6分	12		
5	预留洞口、坑井口防护	每一处无防护措施,扣7分; 防护设施未形成定型化、工具化,扣6分; 每一处防护措施不符合要求或不严密的,扣3分	13		
6	通道口防护	每一处无防护棚,扣5分; 每一处防护不严,扣2~3分; 每一处防护棚不牢固、材质不符合要求,扣3分	10		
7	阳台、楼板、屋面等临边防护	每一处临边无防护的扣5分; 每一处临边防护不严、不符合要求的扣3分	10		
检查项目合计			100		

表 3.0.8 施工用电检查评分表

序号	检查项目		扣分标准	应得分数	扣减分数	实得分数
1		外电防护	小于安全距离又无防护措施的,扣 20 分; 防护措施不符合要求、封闭不严密的,扣 5~10 分	20		
2		接地与接零保护系统	工作接地与重复接地不符合要求的,扣 7~10 分; 未采用 TN—S 系统的,扣 10 分; 专用保护零线设置不符合要求的,扣 5~8 分; 保护零线与工作零线混接的,扣 10 分	10		
3	保证项目	配电箱、开关箱	不符合"三级配电两级保护"要求的,扣 10 分; 开关箱(末级)无漏电保护或保护器失灵,每一处扣 5 分; 漏电保护装置参数不匹配,每发现一处扣 2 分; 电箱内无隔离开关,每一处扣 2 分; 违反"一机、一闸、一漏、一箱"的,每一处扣 5~7 分; 安装位置不当、周围杂物多等不便操作的,每一处扣 5 分; 闸具损坏、闸具不符合要求的,每一处扣 5 分; 配电箱内多路配电无标记的,每一处扣 5 分; 电箱下引出线混乱,每一处扣 2 分; 电箱无门、无锁、无防雨措施的,每一处扣 2 分	20		
4		现场照明	照明专用回路无漏电保护,扣 5 分; 灯具金属外壳未作接零保护的,每一处扣 2 分; 室内线路及灯具安全高度低于 2.4 m 未使用安全电压供电的,扣 10 分; 潮湿作业未使用 36 V 以下安全电压的,扣 10 分; 使用 36 V 安全电压照明线路混乱和接头处未用绝缘布包扎,扣 5 分; 手持照明灯未使用 36 V 及以下电源供电,扣 10 分	10		
5	一般项目	配电线路	电线老化、破皮未包扎的,每一处扣 10 分; 线路过道无保护的,每一处扣 5 分; 电杆、横担不符合要求的,扣 5 分; 架空线路不符合要求的,扣 7~10 分; 未使用五芯线(电缆)的,扣 10 分; 使用四芯电缆外加一根线替代五芯电缆的,扣 10 分; 电缆架设或埋设不符合要求的,扣 7~10 分	15		
6		电器装置	闸具、熔断器参数与设备容量不匹配、安装不合要求的,每一处扣 3 分; 用其他金属丝代替熔丝的,扣 10 分	10		
7		变配电装置	不符合安全规定的,扣 3 分	5		
8		用电档案	无专项用电施工组织设计的,扣 10 分; 无地极阻值摇测记录的,扣 4 分; 无电工巡视维修记录或填写不真实的,扣 4 分; 档案乱、内容不全、无专人管理的,扣 3 分	10		
检查项目合计				100		

表 3.0.9 物料提升机(龙门架、井字架)检查评分表

序号	检查项目			扣分标准	应得分数	扣减分数	实得分数
1	保证项目	架体制作		无设计计算书或未经上级审批,扣9分; 架体制作不符合设计要求和规范要求的,扣7~9分; 使用厂家生产的产品,无建筑安全监督管理部门准用证的,扣9分	9		
2		限位保险装置		吊篮无停靠装置的,扣9分; 停靠装置未形成定型化的,扣5分; 无超高限位装置的,扣9分; 使用摩擦式卷扬机超高限位采用断电方式的,扣9分; 高架提升机无下极限限位器、缓冲器或无超载限制器的,每一项扣3分	9		
3		架体稳定	缆风绳	架高20 m以下时设一组,20~30 m设两组,少一组扣9分; 缆风绳不使用钢丝绳的,扣9分; 钢丝绳直径小于9.3 mm或角度不符合45°~60°的,扣4分; 地锚不符合要求的,扣4~7分	9		
			与建筑结构连接	连墙杆的位置不符合规范要求的,扣5分; 连墙杆连接不牢的,扣5分; 连墙杆与脚手架连接的,扣9分; 连墙杆材质或连接做法不符合要求的,扣5分;			
4	一般项目	钢丝绳		钢丝绳磨损已超过报废标准的,扣8分; 钢丝绳锈蚀、缺油的,扣2~4分; 绳卡不符合规定的,扣2分; 钢丝绳无过路保护的,扣2分; 钢丝绳拖地,扣2分	8		
5		楼层卸料平台防护		卸料平台两侧无防护栏杆或防护不严的,扣2~4分; 平台脚手板搭设不严、不牢的,扣2~4分; 平台无防护门或不起作用的每一处,扣2分; 防护门未形成定型化、工具化的,扣4分; 地面进料口无防护棚或不符合要求的,扣2~4分	8		
6		吊篮		吊篮无安全门的,扣8分; 安全门未形成定型化、工具化的,扣4分; 高架提升机不使用吊笼的,扣4分; 违章乘坐吊篮上下的,扣8分; 吊篮提升使用单根钢丝绳的,扣8分	8		
7		安装验收		无验收手续和责任人签字的,扣9分; 验收单无量化验收内容的,扣5分	9		

续表

序号	检查项目		扣分标准	应得分数	扣减分数	实得分数
8	一般项目	架体	架体安装拆除无施工方案的,扣5分; 架体基础不符合要求的,扣2~4分; 架体垂直偏差超过规定的,扣5分; 架体与吊篮间隙超过规定的,扣3分; 架体外侧无立网防护或防护不严的,扣4分; 摇臂把杆未经设计的或安装不符合要求或无保险绳的,扣8分; 井字架开口处未加固的,扣2分	10		
9		传动系统	卷扬机地锚不牢固,扣2分; 卷筒钢丝绳缠绕不整齐,扣2分; 第一个导向滑轮距离小于15倍卷筒宽度的,扣2分; 滑轮翼缘破损或与架体柔性连接,扣3分; 卷筒上无防止钢丝绳滑脱保险装置,扣5分; 滑轮与钢丝绳不匹配的,扣2分	9		
10		联络信号	无联络信号的,扣7分; 信号方式不合理、不准确的,扣2~4分	7		
11		卷扬机操作棚	卷扬机无操作棚的,扣7分; 操作棚不符合要求的,扣3~5分	7		
12		避雷	防雷保护范围以外无避雷装置的,扣7分; 避雷装置不符合要求的,扣4分	7		
检查项目合计				100		

表 3.0.10 外用电梯(人货两用电梯)检查评分表

序号	检查项目		扣分标准	应得分数	扣减分数	实得分数
1	保证项目	安全装置	吊笼安全装置未经试验或不灵敏的,扣10分; 门连锁装置不起作用的,扣10分	10		
2		安全防护	地面吊笼出入口无防护棚的,扣8分; 防护棚材质搭设不符合要求的,扣4分; 每层卸料口无防护门的,扣10分; 有防护门不使用的,扣6分; 卸料台口搭设不符合要求的,扣6分	10		
3		司机	司机无证上岗作业的,扣10分; 每班作业前不按规定试车的,扣5分; 不按规定交接班或无交接记录的,扣5分	10		
4		荷载	超过规定承载人数无控制措施的,扣10分; 超过规定重量无控制措施的,扣10分; 未加配重载人的,扣10分	10		
5		安装与拆卸	未制定安装拆卸方案的,扣10分; 拆装队伍没有取得资格证书的,扣10分	10		
6		安装验收	电梯安装后无验收或拆无交底的,扣10分; 验收单上无量化验收内容的,扣5分	10		

续表

序号	检查项目		扣分标准	应得分数	扣减分数	实得分数
7	一般项目	架体稳定	架体垂直度超过说明书规定的,扣7～10分; 架体与建筑结构附着不符合要求的,扣7～10分; 架体附着装置与脚手架连接的,扣10分	10		
8		联络信号	无联络信号,扣10分; 信号不准确,扣6分	10		
9		电气安全	电气安装不符合要求的,扣10分; 电气控制无漏电保护装置的,扣10分	10		
10		避雷	在避雷保护范围外无避雷装置的,扣10分; 避雷装置不符合要求的,扣5分	10		
检查项目合计				100		

表 3.0.11 塔吊检查评分表

序号	检查项目		扣分标准	应得分数	扣减分数	实得分数
1	保证项目	力矩限制器	无力矩限制器,扣13分; 力矩限制器不灵敏,扣13分	13		
2		限位器	无超高、变幅、行走限位的,每项扣5分; 限位器不灵敏,每项扣5分	13		
3		保险装置	吊钩无保险装置,扣5分; 卷扬机滚筒无保险装置,扣5分; 上人爬梯无护圈或护圈不符合要求,扣5分	7		
4		附墙装置与夹轨钳	塔吊高度超过规定不安装附墙装置的,扣10分; 附墙装置安装不符合说明书要求的,扣3～7分; 无夹轨钳,扣10分; 有夹轨钳不用每一处,扣3分	10		
5		安装与拆卸	未制定安装拆卸方案的,扣10分; 作业队伍没有取得资格证的,扣10分	10		
6		塔吊指挥	司机无证上岗,扣7分; 指挥无证上岗,扣4分; 高塔指挥不使用旗语或对讲机的,扣7分	7		
7	一般项目	路基与轨道	路基不坚实、不平整、无排水措施,扣3分; 枕木铺设不符合要求,扣3分; 道钉与接头螺栓数量不足,扣3分; 轨距偏差超过规定的,扣2分; 轨道无极限位置阻挡器,扣5分; 高塔基础不符合设计要求,扣10分	10		
8		电气安全	行走塔吊无卷线器或失灵,扣6分; 塔吊与架空线路小于安全距离又无防护措施,扣10分; 防护措施不符合要求,扣2～5分; 道轨无接地、接零,扣4分; 接地、接零不符合要求,扣2分	10		

续表

序号	检查项目		扣分标准	应得分数	扣减分数	实得分数
9	一般项目	多塔作业	两台以上塔吊作业、无防碰撞措施,扣10分; 措施不可靠,扣3~7分	10		
10		安装验收	安装完毕无验收资料或责任人签字的,扣10分; 验收单上无量化验收内容,扣5分	10		
	检查项目合计			100		

表 3.0.12　起重吊装安全检查评分表

序号	检查项目			扣分标准	应得分数	扣减分数	实得分数
1	保证项目	施工方案		起重吊装作业无方案,扣10分; 作业方案未经上级审批或方案针对性不强,扣5分	10		
2		起重机械	起重机	起重机无超高和力矩限制器,扣10分; 吊钩无保险装置,扣5分; 起重机未取得准用证,扣20分; 起重机安装后未经验收,扣15分	20		
			起重扒杆	起重扒杆无设计计算书或未经审批,扣20分; 扒杆组装不符合设计要求,扣17~20分; 扒杆使用前未经试吊,扣10分			
3		钢丝绳与地锚		起重钢丝绳磨损、断丝超标的,扣10分; 滑轮不符合规定的,扣4分; 缆风绳安全系数小于3.5倍的,扣8分; 地锚埋没不符合设计要求的,扣5分	10		
4		吊点		不符合设计规定位置的,扣5~10分; 索具使用不合理、绳径倍数不够的,扣5~10分	10		
5		司机、指挥		司机无证上岗的,扣10分; 非本机型司机操作的,扣5分; 指挥无证上岗的,扣5分; 高处作业无信号传递的,扣10分	10		
6	一般项目	地耐力		起重机作业路面地耐力不符合说明书要求的,扣5分; 地面铺垫措施达不到要求的,扣3分	5		
7		起重作业		被吊物体重量不明就吊装的,扣3~6分; 有超载作业情况的,扣6分; 每次作业前未经试吊检验的,扣3分	6		
8		高处作业		结构吊装未设置防坠落措施的,扣9分; 作业人员不系安全带或安全带无牢靠悬挂点的,扣9分; 人员上下无专设爬梯、斜道的,扣5分	9		
9		作业平台		起重吊装人员作业无可靠立足点的,扣5分; 作业平台临边防护不符合规定的,扣2分; 作业平台脚手板不满铺的,扣3分	5		

续表

序号	检查项目		扣分标准	应得分数	扣减分数	实得分数
10	一般项目	构件堆放	楼板堆放超过1.6m高度的,扣2分; 其他物件堆放高度不符合规定的,扣2分; 大型构件堆放无稳定措施的,扣3分	5		
11		警戒	起重吊装作业无警戒标志,扣3分; 未设专人警戒,扣2分	5		
12		操作工	起重工、电焊工无安全操作证上岗的,每一人扣2分	5		
检查项目合计				100		

表3.0.13 施工机具检查评分表

序号	检查项目	扣分标准	应得分数	扣减分数	实得分数
1	平刨	平刨安装后无验收合格手续,扣5分; 无护手安全装置,扣5分; 传动部位无防护罩,扣5分; 未做保护接零、无漏电保护器,各扣5分; 无人操作时未切断电源的,扣3分; 使用平刨和圆盘锯合用一台电机的多功能木工机具的,平刨和圆盘锯两项扣20分	10		
2	圆盘锯	电锯安装后无验收合格手续,扣5分; 无锯盘护罩、分料器、防护挡板安全装置和传动部位无防护每缺一项的,扣5分; 未做保护接零、无漏电保护器,各扣5分; 无人操作时未切断电源的,扣3分	10		
3	手持电动工具	Ⅰ类手持电动工具无保护接零的,扣10分; 使用Ⅰ类手持电动工具不按规定穿戴绝缘用品的,扣5分; 使用手持电动工具随意接长电源线或更换插头的,扣5分	10		
4	钢筋机械	机械安装后无验收合格手续的,扣5分; 未做保护接零、无漏电保护器,各扣5分; 钢筋冷拉作业区及对焊作业区无防护措施的,扣5分; 传动部位无防护的,扣3分	10		
5	电焊机	电焊机安装后无验收合格手续的,扣5分; 未做保护接零、无漏电保护器的,各扣5分; 无二次空载降压保护器或无触电保护器的,扣5分; 一次线长度超过规定或不穿管保护的,扣5分; 电源不使用自动开关的,扣3分; 焊把线接头超过3处或绝缘老化的,扣5分; 电焊机无防雨罩的,扣4分	10		

续表

序号	检查项目	扣分标准	应得分数	扣减分数	实得分数
6	搅拌机	搅拌机安装后无验收合格手续的,扣5分; 未做保护接零、无漏电保护器的,各扣5分; 离合器、制动器、钢丝绳达不到要求的,每项扣3分; 操作手柄无保险装置的,扣3分; 搅拌机无防雨棚和作业台不安全的,扣4分; 料斗无保险挂钩或挂钩不使用的,扣3分; 传动部位无防护罩的,扣4分; 作业平台不平稳的,扣3分	10		
7	气瓶	各种气瓶无标准色标的,扣5分; 气瓶间距小于5 m,距明火小于10 m又无隔离措施的,各扣5分; 乙炔瓶使用或存放时平放的,扣5分; 气瓶存放不符合要求的,扣5分; 气瓶无防震圈和防护帽的,每一个扣2分	10		
8	翻斗机	翻斗车未取得准用证的,扣5分; 翻斗车制动装置不灵敏的,扣5分; 无证司机驾车的,扣5分; 行车载人或违章行车的,每发现一次扣5分	10		
9	潜水泵	未做保护接零、无漏电保护器的,各扣5分; 保护装置不灵敏、使用不合理的,扣5分	10		
10	打桩机械	打桩机未取得准用证和安装后无验收合格手续的,扣5分; 打桩机无超高限位装置的,扣5分; 打桩机行走路线地耐力不符合说明书要求的,扣5分; 打桩作业无方案的,扣5分; 打桩操作违反操作规程的,扣5分	10		
	检查项目合计		100		

附录二 《建筑施工安全检查标准》条文说明

《建筑施工安全检查标准》(JGJ 59—1999)有关问题的说明

1999年9月22日至24日,中国建筑业协会建筑安全专业委员会在厦门召开了"建筑安全工作研讨会",主要研究讨论了新标准《建筑施工安全检查标准》JGJ 59—1999(以下简称《标准》)在执行中遇到的情况和问题。建设部标准定额研究所副所长徐金泉同志参加了会议,并就如何贯彻强制性标准做了发言。《标准》主编人对会议中就《标准》提出的问题进行了解答。

现将提出的主要问题说明如下：

一、安全管理

1.《标准》与相应规范的关系

《标准》与其他建筑施工安全技术规范具有同等效力,它的许多条文取之于相应的标准,这是一本安全方面的强制性标准。

2.施工组织设计的审批

施工组织设计应由具有法人资格的企业的技术、安全等相关部门和总工程师审批。

3.安全人员应该按照有关的规定配备

可按 10 000 m² 的建筑面积配一个专职人员,30 000 m² 以下配 2 人,30 000 m² 及以上配备 3 人。也可按施工队伍人数比例配备,在施工高峰达到 200 人的,配一个专职安全员,300人及以下配 2 人,以上配 3 人。

4.安全人员的培训

应按照建设部建教〔1997〕83 号文及建人〔1999〕127 号文件规定执行,企业专职安全人员每年培训时间不应少于 40 学时。

5.班前安全活动的记录

班前安全活动每天都要进行并做记录。

二、文明施工

1.现场围挡的规定的制度依据

现场围挡规定源于《建筑法》,具体高度尺寸的规定是根据各地区施工经验制定的。

2.在建工程能做到分设安全出入口时可否住宿

在建工程不得兼做住宿。这是许多伤亡事故案例给我们的教训。另设出入口虽可使住宿的人另走一条通道,但它还解决不了交叉作业带来的危险。

3.急救人员的培训范围

凡在施工现场参与施工的人员,都应经过急救培训,学习常见的急救知识,并掌握急救技术,会实施急救措施。

4.多个单位、多个单体工程施工时的围挡设置

多个单位、多个工程之间可不设转档,但在集中施工小区的最外围应设置围挡。

三、"三宝""四口"防护

("三宝"指安全帽、安全带和安全网,"四口"指通道口、预留洞口、楼梯口和电梯井口)

1.在建工程如何做到全封闭

在新《标准》中取消平网,改为用密目网式安全网全封闭,这是一项技术进步。一般在多层建筑施工用里脚手架时,应在外围搭设距墙面 10 cm 的防护架用密目式安全网封闭。高层建筑无落地架时,除施工区段脚手架外转用密目式安全网封闭外,下部各层的临边及窗口、洞口等也应用密目式安全网或其他防护措施全封闭。

2.现场封闭与脚手架检查表中的外转防护

一个是指用里脚手架施工时的外转封闭,另一个是指外脚手架作业时的外转防护。两者是对不同作业环境提出的全封闭要求。

3.电梯井内可否用脚手板或钢筋网做防护?

不可以。电梯井应每间隔不大于 10 m 设置一道平网防护层,以兜住掉下去的人。用脚手板或钢筋网会给人造成二次伤害。

4.防护设施的定型化、工具化

所谓防护设施的定型化、工具化是指临边和洞口处的防护栏杆和防护门应改变过去随意性和临时观念,制作成定型的、工具式的,以便重复使用。这既可保证安全可靠,又做到方便经济。

四、脚手架

1.双排脚手架作业时,在里侧设置栏杆影响作业怎么办?

脚手架与墙面之间的空隙,应用脚手架或平网封闭,不应设置栏杆防护。

2.双立杆与双排脚手架的区别

双立杆是指当搭设高层脚手架时,采取的加强措施,在规定的立杆的位置上,改用两根立杆以提高立杆的承载能力。双排脚手架是指有内、外两排立杆的架体,可以搭设居单立杆或双立杆。

3.小横杆的设置位置

在立杆和大横杆的交叉点(即节点)处,必须设置一根小横杆,以形成空间格构架整体受力。施工层(作业层)还要在两个节点中间,现增设一根小横杆。

4.架体内进行封闭

为确保作业人员的安全,当施工层脚手板发生断裂,其下方应有平网防护。当脚手架与墙面有空隙时,也应有封闭措施。

5.整体提升脚手架和使用条件

必须由建设部组织鉴定合格,并发放使用证的产品,还须由地区的建筑安全监督部门认定,同意使用且发放准用证后,才可使用。

6.提升不允许使用手拉葫芦

手拉葫芦是按单个起重工作设计的,当超过两个吊点时,其不能保证同步升降,不能用做群体吊装。

7.钢管脚手架立杆的基础垫板

脚手架的基础根据搭设高度的不同,其做法也不同。当高度在 25 m 以下时,地基夯实找平后,垫 5 cm 厚木板,长度 2 m 的可垂直于墙面放置,长度大于 3 m 的可平行墙面放置;当高度超过 25 m 时,除地基分层夯实达到要求外,还要采用枕木或槽钢仰铺,作为立杆基础的垫板;搭设高度大于 50 m 时,基础应专门设计计算,并根据计算制定做法。

五、施工用电

1.施工现场是否必须一律采用 TN—S 系统?

(1)用电规范第 4.1.1 条规定:"在施工现场专用的中性点直接接地的电力线路中,必须采用 TN—S 接零保护系统"。即采用 TN 系统是有条件的,是施工现场有自己的变压器,并中性点直接接地,已形成独立电网的,采用 TN 系统比采用 TT 系统更安全更经济。由于 TN—C 有一定缺陷,所以要采用 TN—S 系统。

(2)规范第 4.3.3 条规定"当施工现场与外电线路工用同一供电系统时,电气设备应根据当地的要求做保护接零,或做保护接地。不得一部分设备做保护接零,另一部分设备做保护接地"。即当施工现场没有独立的变压器,直接采用电业部门低压侧供电时,其保护方式要按当地电业部门规定。有的地区电业部门供电系统的零线带电,采用 TN 后会有危险。也不允许在同一个电网内一部分采用 TT,而另一部分采用 TN。

2.如何理解"未使用五芯线电缆扣分"的规定?

使用五芯电缆主要来源于 TN—S 系统。由于工作零线与保护零线分设,因此必须用五根线。不允许使用四芯电缆外加一根导线代替,因为两者的绝缘程度、机械强度、抗腐蚀以及载流量都不匹配,不符合敷设要求。

3.怎样理解"标准电箱"?

配电箱是分级配电的中枢,开关箱是用电设备的直接控制设施。因此,电箱是安全用电的关键,必须符合标准的规定。所谓"标准电箱"不单看其形式或制作厂家。当制作材料、电器装置参数的选择、线路的固定、进出线位置、端子板的设置等符合用电规范的规定,就叫标准电箱。

六、物料提升机

1.《标准》中包括的物料提升机形式

架体为门型或井字型,以地面卷扬机为动力,吊篮沿导轨做垂升降,起重质量在 2 000 kg 以下的运载物料的升降机,都为《标准》所包括。《标准》中不包括采用扣件式钢管搭设的井架型的架体,因为这些形式的提升机,在安全使用或架体计算上都不尽合理,今后应逐渐淘汰。

2.龙门架两组缆风绳的设置

当架体设计超过 20 m 时,就设两组缆风绳。因顶部有天梁可使两立柱一起共同受力。当设置中间缆风绳时,先应将两立柱做临时连接。在主体结构增高的同时,应用连墙杆将架体与建筑物连接,当满足用一组缆风绳条件时,中间缆风绳即可拆除。

3.禁止吊篮使用单根钢丝绳提升

龙门架(井字架)由单根钢丝绳提升吊篮,其设计不合理。钢丝绳尾端固定在天梁上,吊篮设动滑轮时,提升钢丝绳客观存在力仅为提升重量的 1/2;而当钢丝绳尾端直接设在吊篮上,则钢丝绳受力增加了一倍。相应的滑轮直径及卷扬机工作能力也应加大,设计上不合理,稳定性差。在使用中,由于架体的高度超过主全结构施工部位,架体的稳定只能依靠四角张拉的缆风绳。龙门架(井字架)因制造与安装精度差,绝大多数提升机不能保证吊篮上导靴与导轨之间的合理间隙。由于吊篮内装载的物料不均衡,使得吊篮在运行中左右摇晃,冲撞架体,增加了架体的磨损和不稳定性,再加上单绳提升吊篮运行速度加快,从而加剧了架体的不稳定性,给使用带来了不安全因素。

4.架体外侧用网封闭不会影响司机视线

规定用立网防护,是防止吊篮运行中发生的落物伤人事故。用立网防护未规定必须使用密目式安全网,可采用小网眼的安全网防护。因此,不会影响司机视线。

5.对讲机联络方式

《标准》把提升机分为高架和低架两种,对联系方式要求并不完全一样。高架提升机由于提升高度大,超越了司机视线,为了便于各层联络,所以规定要用双向通信工具对讲机,以保证升降的准确和作业安全。

七、人货两用电梯

"未加配重载人"如何理解?

本条规定是专指正常运行的、有配重的电梯,不包括原设计中就无配重的电梯。有配重的电梯在安装、拆除过程中,有时处于无配重运行,除荷载按 50% 考虑外,还要求只能运载两名安装工人和必要的工具,不能作为正当梯笼载人上下,以防止发生事故。

八、塔吊

1.力矩限制器的现场检查

力矩限制器是塔吊安全作业的最关键的安全装置之一,必须灵敏可靠,保证准确无误。电子式的力矩限制器,因其仪表显示值不能作为超载报警的依据,必须在每次安装后,以实际幅度和吊重进行标定。塔吊每次重新组装后,在试运行的同时,应检验其安全限位装置的可靠性,并做详细记录。当塔吊安装时间不长,即做安全检查,并在确认安装调试可靠时,可免做试验。

2.塔吊检查规定要有卷筒保险

针对塔吊在使用中的不安全问题,建设部 1980 年在杭州安全工作会议上确定了塔吊在使用中应具有"四限位两保险"。其中卷筒保险是为避免由于塔吊在工作过程中发生故障,造成钢丝绳不能按顺序排列,而越出鼓筒被绞断股,而发生事故提出来的。对于某些型号的塔吊,设计合理不会发生此类故障的,则可不再加设。

3.关于上人爬梯设护圈问题

按照相关规范规定,当扶梯设于结构内部时,自由通道小于 1.2 m,可不设护圈;当扶梯通道高度距离大于 5 m 时,从平台 2.5 m 处开始设置护圈;符合不设护圈要求的塔吊,可不设护圈。

九、施工机具

1.电焊机要加装二次防触电装置

交流电焊机的空载电压可达到 50～90 V,是不安全的,发生伤人事故相当严重。为防止此类事故发生,按 GB 10235—1988 规定,除在一次侧加装漏电保护器外,还应在二次侧也加装防触电保护装置。此装置可以把空载电压降到 35～24 V 以下,完全能防止触电事故的发生。

2.搅拌机操作手柄保护装置

自落式 400 L 的老式搅拌机,出料时要转动手柄轮,当操作人员在出料口作业时,必须将手柄轮固定,否则会给作业人员带来危害。

附录三　绿色施工导则

1　总则

1.1　我国尚处于经济快速发展阶段,作为大量消耗资源、影响环境的建筑业,应全面实施绿色施工,承担起可持续发展的社会责任。

1.2　本导则用于指导建筑工程的绿色施工,并可供其他建设工程的绿色施工参考。

1.3　绿色施工是指工程建设中,在保证质量、安全等基本要求的前提下,通过科学管理和技术进步,最大限度地节约资源与减少对环境负面影响的施工活动,实现四节一环保(节能、节地、节水、节材和环境保护)。

1.4　绿色施工应符合国家的法律、法规及相关的标准规范,实现经济效益、社会效益和环境效益的统一。

1.5　实施绿色施工,应依据因地制宜的原则,贯彻执行国家、行业和地方相关的技术经济政策。

1.6　运用 ISO 14000 和 ISO 18000 管理体系,将绿色施工有关内容分解到管理体系目标中去,使绿色施工规范化、标准化。

1.7　鼓励各地区开展绿色施工的政策与技术研究,发展绿色施工的新技术、新设备、新材料与新工艺,推行应用示范工程。

2　绿色施工原则

2.1　绿色施工是建筑全寿命周期中的一个重要阶段。实施绿色施工,应进行总体方案优化。在规划、设计阶段,应充分考虑绿色施工的总体要求,为绿色施工提供基础条件。

2.2　实施绿色施工,应对施工策划、材料采购、现场施工、工程验收等各阶段进行控制,加强对整个施工过程的管理和监督。

3　绿色施工总体框架

绿色施工总体框架由施工管理、环境保护、节材与材料资源利用、节水与水资源利用、节能与能源利用、节地与施工用地保护六个方面组成(见图 1)。这六个方面涵盖了绿色施工的基本指标,同时包含了施工策划、材料采购、现场施工、工程验收等各阶段的指标的子集。

4　绿色施工要点

4.1　绿色施工管理主要包括组织管理、规划管理、实施管理、评价管理和人员安全与健康管理五个方面。

4.1.1　组织管理

1.建立绿色施工管理体系,并制定相应的管理制度与目标。

2.项目经理为绿色施工第一责任人,负责绿色施工的组织实施及目标实现,并指定绿色施工管理人员和监督人员。

4.1.2　规划管理

1.编制绿色施工方案。该方案应在施工组织设计中独立成章,并按有关规定进行审批。

2.绿色施工方案应包括以下内容:

(1)环境保护措施,制定环境管理计划及应急救援预案,采取有效措施,降低环境负荷,保护地下设施和文物等资源。

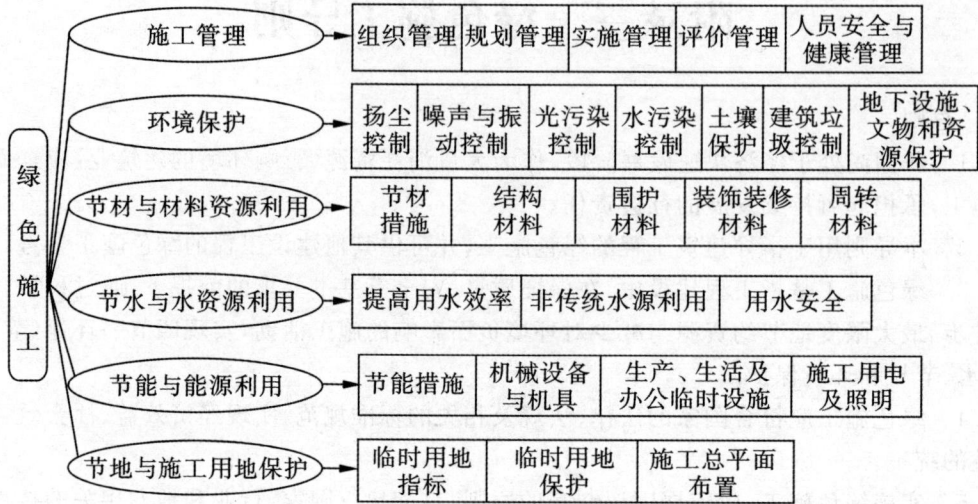

图1　绿色施工总体框架

（2）节材措施，在保证工程安全与质量的前提下，制定节材措施，如进行施工方案的节材优化，建筑垃圾减量化，尽量利用可循环材料等。

（3）节水措施，根据工程所在地的水资源状况，制定节水措施。

（4）节能措施，进行施工节能策划，确定目标，制定节能措施。

（5）节地与施工用地保护措施，制定临时用地指标、施工总平面布置规划及临时用地节地措施等。

4.1.3　实施管理

1.绿色施工应对整个施工过程实施动态管理，加强对施工策划、施工准备、材料采购、现场施工、工程验收等各阶段的管理和监督。

2.应结合工程项目的特点，有针对性地对绿色施工作相应的宣传，通过宣传营造绿色施工的氛围。

3.定期对职工进行绿色施工知识培训，增强职工绿色施工意识。

4.1.4　评价管理

1.对照本导则的指标体系，结合工程特点，对绿色施工的效果及采用的新技术、新设备、新材料与新工艺，进行自评估。

2.成立专家评估小组，对绿色施工方案、实施过程至项目竣工，进行综合评估。

4.1.5　人员安全与健康管理

1.制订施工防尘、防毒、防辐射等职业危害的措施，保障施工人员的长期职业健康。

2.合理布置施工场地，保护生活及办公区不受施工活动的有害影响。施工现场建立卫生急救、保健防疫制度，在安全事故和疾病疫情出现时提供及时救助。

3.提供卫生、健康的工作与生活环境，加强对施工人员的住宿、膳食、饮用水等生活与环境卫生等管理，明显改善施工人员的生活条件。

4.2 环境保护技术要点

4.2.1 扬尘控制

1.运送土方、垃圾、设备及建筑材料等,不污损场外道路。运输容易散落、飞扬、流漏的物料的车辆,必须采取措施封闭严密,保证车辆清洁。施工现场出口应设置洗车槽。

2.土方作业阶段,采取洒水、覆盖等措施,达到作业区目测扬尘高度小于1.5 m,不扩散到场区外。

3.结构施工、安装装饰装修阶段,作业区目测扬尘高度小于0.5 m。对易产生扬尘的堆放材料应采取覆盖措施;对粉末状材料应封闭存放;场区内可能引起扬尘的材料及建筑垃圾搬运应有降尘措施,如覆盖、洒水等;浇筑混凝土前清理灰尘和垃圾时尽量使用吸尘器,避免使用吹风器等易产生扬尘的设备;机械剔凿作业时可用局部遮挡、掩盖、水淋等防护措施;高层或多层建筑清理垃圾应搭设封闭性临时专用道或采用容器吊运。

4.施工现场非作业区达到目测无扬尘的要求。对现场易飞扬物质采取有效措施,如洒水、地面硬化、围挡、密网覆盖、封闭等,防止扬尘产生。

5.构筑物机械拆除前,做好扬尘控制计划。可采取清理积尘、拆除体洒水、设置隔档等措施。

6.构筑物爆破拆除前,做好扬尘控制计划。可采用清理积尘、淋湿地面、预湿墙体、屋面敷水袋、楼面蓄水、建筑外设高压喷雾状水系统、搭设防尘排栅和直升机投水弹等综合降尘。选择风力小的天气进行爆破作业。

7.在场界四周隔挡高度位置测得的大气总悬浮颗粒物(TSP)月平均浓度与城市背景值的差值不大于0.08 mg/m³。

4.2.2 噪声与振动控制

1.现场噪声排放不得超过国家标准《建筑施工场界噪声限值》(GB 12523—1990)的规定。

2.在施工场界对噪声进行实时监测与控制。监测方法执行国家标准《建筑施工场界噪声测量方法》(GB 12524—1990)。

3.使用低噪声、低振动的机具,采取隔音与隔振措施,避免或减少施工噪声和振动。

4.2.3 光污染控制

1.尽量避免或减少施工过程中的光污染。夜间室外照明灯加设灯罩,透光方向集中在施工范围。

2.电焊作业采取遮挡措施,避免电焊弧光外泄。

4.2.4 水污染控制

1.施工现场污水排放应达到国家标准《污水综合排放标准》(GB 8978—1996)的要求。

2.在施工现场应针对不同的污水,设置相应的处理设施,如沉淀池、隔油池、化粪池等。

3.污水排放应委托有资质的单位进行废水水质检测,提供相应的污水检测报告。

4.保护地下水环境。采用隔水性能好的边坡支护技术。在缺水地区或地下水位持续下降的地区,基坑降水尽可能少地抽取地下水;当基坑开挖抽水量大于50万 m³时,应进行地下水回灌,并避免地下水被污染。

5.对于化学品等有毒材料、油料的储存地,应有严格的隔水层设计,做好渗漏液收集和处理。

4.2.5 土壤保护

1.保护地表环境,防止土壤侵蚀、流失。因施工造成的裸土,及时覆盖砂石或种植速生草种,以减少土壤侵蚀;因施工造成容易发生地表径流土壤流失的情况,应采取设置地表排水系统、稳定斜坡、植被覆盖等措施,减少土壤流失。

2.沉淀池、隔油池、化粪池等不发生堵塞、渗漏、溢出等现象。及时清掏各类池内沉淀物,并委托有资质的单位清运。

3.对于有毒有害废弃物如电池、墨盒、油漆、涂料等应回收后交有资质的单位处理,不能作为建筑垃圾外运,避免污染土壤和地下水。

4.施工后应恢复施工活动破坏的植被(一般指临时占地内)。与当地园林、环保部门或当地植物研究机构进行合作,在先前开发地区种植当地或其他合适的植物,以恢复剩余空地地貌或科学绿化,补救施工活动中人为破坏植被和地貌造成的土壤侵蚀。

4.2.6 建筑垃圾控制

1.制定建筑垃圾减量化计划,如住宅建筑,每万平方米的建筑垃圾不宜超过 400 t。

2.加强建筑垃圾的回收再利用,力争建筑垃圾的再利用和回收率达到 30%,建筑物拆除产生的废弃物的再利用和回收率大于 40%。对于碎石类、土石方类建筑垃圾,可采用地基填埋、铺路等方式提高再利用率,力争再利用率大于 50%。

3.施工现场生活区设置封闭式垃圾容器,施工场地生活垃圾实行袋装化,及时清运。对建筑垃圾进行分类,并收集到现场封闭式垃圾站,集中运出。

4.2.7 地下设施、文物和资源保护

1.施工前应调查清楚地下各种设施,做好保护计划,保证施工场地周边的各类管道、管线、建筑物、构筑物的安全运行。

2.施工过程中一旦发现文物,立即停止施工,保护现场并通报文物部门并协助做好工作。

3.避让、保护施工场区及周边的古树名木。

4.逐步开展统计分析施工项目的 CO_2 排放量,以及各种不同植被和树种的 CO_2 固定量的工作。

4.3 节材与材料资源利用技术要点

4.3.1 节材措施

1.图纸会审时,应审核节材与材料资源利用的相关内容,达到材料损耗率比定额损耗率降低 30%。

2.根据施工进度、库存情况等合理安排材料的采购、进场时间和批次,减少库存。

3.现场材料堆放有序。储存环境适宜,措施得当。保管制度健全,责任落实。

4.材料运输工具适宜,装卸方法得当,防止损坏和遗洒。根据现场平面布置情况就近卸载,避免和减少二次搬运。

5.采取技术和管理措施提高模板、脚手架等的周转次数。

6.优化安装工程的预留、预埋、管线路径等方案。

7.应就地取材,施工现场 500 km 以内生产的建筑材料用量占建筑材料总重量的 70% 以上。

4.3.2 结构材料

1.推广使用预拌混凝土和商品砂浆。准确计算采购数量、供应频率、施工速度等,在施工

过程中动态控制。结构工程使用散装水泥。

2.推广使用高强钢筋和高性能混凝土,减少资源消耗。

3.推广钢筋专业化加工和配送。

4.优化钢筋配料和钢构件下料方案。钢筋及钢结构制作前应对下料单及样品进行复核,无误后方可批量下料。

5.优化钢结构制作和安装方法。大型钢结构宜采用工厂制作,现场拼装;宜采用分段吊装、整体提升、滑移、顶升等安装方法,减少方案的措施用材量。

6.采取数字化技术,对大体积混凝土、大跨度结构等专项施工方案进行优化。

4.3.3　围护材料

1.门窗、屋面、外墙等围护结构选用耐候性及耐久性良好的材料,施工确保密封性、防水性和保温隔热性。

2.门窗采用密封性、保温隔热性能、隔音性能良好的型材和玻璃等材料。

3.屋面材料、外墙材料具有良好的防水性能和保温隔热性能。

4.当屋面或墙体等部位采用基层加设保温隔热系统的方式施工时,应选择高效节能、耐久性好的保温隔热材料,以减小保温隔热层的厚度及材料用量。

5.屋面或墙体等部位的保温隔热系统采用专用的配套材料,以加强各层次之间的黏结或连接强度,确保系统的安全性和耐久性。

6.根据建筑物的实际特点,优选屋面或外墙的保温隔热材料系统和施工方式。例如,保温板粘贴、保温板干挂、聚氨酯硬泡喷涂、保温浆料涂抹等,以保证保温隔热效果,并减少材料浪费。

7.加强保温隔热系统与围护结构的节点处理,尽量降低热桥效应。针对建筑物的不同部位保温隔热特点,选用不同的保温隔热材料及系统,以做到经济适用。

4.3.4　装饰装修材料

1.贴面类材料在施工前,应进行总体排版策划,减少非整块材的数量。

2.采用非木质的新材料或人造板材代替木质板材。

3.防水卷材、壁纸、油漆及各类涂料基层必须符合要求,避免起皮、脱落。各类油漆及黏合剂应随用随开启,不用时及时封闭。

4.幕墙及各类预留预埋应与结构施工同步。

5.木制品及木装饰用料、玻璃等各类板材等宜在工厂采购或定制。

6.采用自黏类片材,减少现场液态黏合剂的使用量。

4.3.5　周转材料

1.应选用耐用、维护与拆卸方便的周转材料和机具。

2.优先选用制作、安装、拆除一体化的专业队伍进行模板工程施工。

3.模板应以节约自然资源为原则,推广使用定型钢模、钢框竹模、竹胶板。

4.施工前应对模板工程的方案进行优化。多层、高层建筑使用可重复利用的模板体系,模板支撑宜采用工具式支撑。

5.优化高层建筑的外脚手架方案,采用整体提升、分段悬挑等方案。

6.推广采用外墙保温板替代混凝土施工模板的技术。

7.现场办公和生活用房采用周转式活动房。现场围挡应最大限度地利用已有围墙,或采用装配式可重复使用围挡封闭。力争工地临房、临时围挡材料的可重复使用率达到70％。

4.4　节水与水资源利用的技术要点

4.4.1　提高用水效率

1.施工中采用先进的节水施工工艺。

2.施工现场喷洒路面、绿化浇灌不宜使用市政自来水。现场搅拌用水、养护用水应采取有效的节水措施，严禁无措施浇水养护混凝土。

3.施工现场供水管网应根据用水量设计布置，管径合理、管路简捷，采取有效措施减少管网和用水器具的漏损。

4.现场机具、设备、车辆冲洗用水必须设立循环用水装置。施工现场办公区、生活区的生活用水采用节水系统和节水器具，提高节水器具配置比率。项目临时用水应使用节水型产品，安装计量装置，采取针对性的节水措施。

5.施工现场建立可再利用水的收集处理系统，使水资源得到梯级循环利用。

6.施工现场分别对生活用水与工程用水确定用水定额指标，并分别计量管理。

7.大型工程的不同单项工程、不同标段、不同分包生活区，凡具备条件的应分别计量用水量。在签订不同标段分包或劳务合同时，将节水定额指标纳入合同条款，进行计量考核。

8.对混凝土搅拌站点等用水集中的区域和工艺点进行专项计量考核。施工现场建立雨水、中水或可再利用水的搜集利用系统。

4.4.2　非传统水源利用

1.优先采用中水搅拌、中水养护，有条件的地区和工程应收集雨水养护。

2.处于基坑降水阶段的工地，宜优先采用地下水作为混凝土搅拌用水、养护用水、冲洗用水和部分生活用水。

3.现场机具、设备、车辆冲洗、喷洒路面、绿化浇灌等用水，优先采用非传统水源，尽量不使用市政自来水。

4.大型施工现场，尤其是雨量充沛地区的大型施工现场建立雨水收集利用系统，充分收集自然降水用于施工和生活中适宜的部位。

5.力争施工中非传统水源和循环水的再利用量大于30％。

4.4.3　用水安全

在非传统水源和现场循环再利用水的使用过程中，应制定有效的水质检测与卫生保障措施，确保避免对人体健康、工程质量以及周围环境产生不良影响。

4.5　节能与能源利用的技术要点

4.5.1　节能措施

1.制订合理施工能耗指标，提高施工能源利用率。

2.优先使用国家、行业推荐的节能、高效、环保的施工设备和机具，如选用变频技术的节能施工设备等。

3.施工现场分别设定生产、生活、办公和施工设备的用电控制指标，定期进行计量、核算、对比分析，并有预防与纠正措施。

4.在施工组织设计中，合理安排施工顺序、工作面，以减少作业区域的机具数量，相邻作业区充分利用共有的机具资源。安排施工工艺时，应优先考虑耗用电能的或其他能耗较少的施工工艺。避免设备额定功率远大于使用功率或超负荷使用设备的现象。

5.根据当地气候和自然资源条件,充分利用太阳能、地热等可再生能源。

4.5.2 机械设备与机具

1.建立施工机械设备管理制度,开展用电、用油计量,完善设备档案,及时做好维修保养工作,使机械设备保持低耗、高效的状态。

2.选择功率与负载相匹配的施工机械设备,避免大功率施工机械设备低负载长时间运行。机电安装可采用节电型机械设备,如逆变式电焊机和能耗低、效率高的手持电动工具等,以利节电。机械设备宜使用节能型油料添加剂,在可能的情况下,考虑回收利用,节约油量。

3.合理安排工序,提高各种机械的使用率和满载率,降低各种设备的单位耗能。

4.5.3 生产、生活及办公临时设施

1.利用场地自然条件,合理设计生产、生活及办公临时设施的体形、朝向、间距和窗墙面积比,使获得良好的日照、通风和采光。南方地区可根据需要在外墙窗设遮阳设施。

2.临时设施宜采用节能材料,墙体、屋面使用隔热性能好的材料,减少夏天空调、冬天取暖设备的使用时间及耗能量。

3.合理配置采暖、空调、风扇数量,规定使用时间,实行分段分时使用,节约用电。

4.5.4 施工用电及照明

1.临时用电优先选用节能电线和节能灯具,临电线路合理设计、布置,临电设备宜采用自动控制装置。采用声控、光控等节能照明灯具。

2.照明设计以满足最低照度为原则,照度不应超过最低照度的20%。

4.6 节地与施工用地保护的技术要点

4.6.1 临时用地指标

1.根据施工规模及现场条件等因素合理确定临时设施,如临时加工厂、现场作业棚及材料堆场、办公生活设施等的占地指标。临时设施的占地面积应按用地指标所需的最低面积设计。

2.要求平面布置合理、紧凑,在满足环境、职业健康与安全及文明施工要求的前提下尽可能减少废弃地和死角,临时设施占地面积有效利用率大于90%。

4.6.2 临时用地保护

1.应对深基坑施工方案进行优化,减少土方开挖和回填量,最大限度地减少对土地的扰动,保护周边自然生态环境。

2.红线外临时占地应尽量使用荒地、废地,少占用农田和耕地。工程完工后,及时对红线外占地恢复原地形、地貌,使施工活动对周边环境的影响降至最低。

3.利用和保护施工用地范围内原有绿色植被。对于施工周期较长的现场,可按建筑永久绿化的要求,安排场地新建绿化。

4.6.3 施工总平面布置

1.施工总平面布置应做到科学、合理,充分利用原有建筑物、构筑物、道路、管线为施工服务。

2.施工现场搅拌站、仓库、加工厂、作业棚、材料堆场等布置应尽量靠近已有交通线路或即将修建的正式或临时交通线路,缩短运输距离。

3.临时办公和生活用房应采用经济、美观、占地面积小、对周边地貌环境影响较小,且适合于施工平面布置动态调整的多层轻钢活动板房、钢骨架水泥活动板房等标准化装配式结构。生活区与生产区应分开布置,并设置标准的分隔设施。

4.施工现场围墙可采用连续封闭的轻钢结构预制装配式活动围挡,减少建筑垃圾,保护土地。

5.施工现场道路按照永久道路和临时道路相结合的原则布置。施工现场内形成环形通路,减少道路占用土地。

6.临时设施布置应注意远近结合(本期工程与下期工程),努力减少和避免大量临时建筑拆迁和场地搬迁。

5 发展绿色施工的新技术、新设备、新材料与新工艺

5.1 施工方案应建立推广、限制、淘汰公布制度和管理办法。发展适合绿色施工的资源利用与环境保护技术,对落后的施工方案进行限制或淘汰,鼓励绿色施工技术的发展,推动绿色施工技术的创新。

5.2 大力发展现场监测技术、低噪声的施工技术、现场环境参数检测技术、自密实混凝土施工技术、清水混凝土施工技术、建筑固体废弃物再生产品在墙体材料中的应用技术、新型模板及脚手架技术的研究与应用。

5.3 加强信息技术应用,如绿色施工的虚拟现实技术、三维建筑模型的工程量自动统计、绿色施工组织设计数据库建立与应用系统、数字化工地、基于电子商务的建筑工程材料、设备与物流管理系统等。通过应用信息技术,进行精密规划、设计、精心建造和优化集成,实现与提高绿色施工的各项指标。

6 绿色施工的应用示范工程

我国绿色施工尚处于起步阶段,应通过试点和示范工程,总结经验,引导绿色施工的健康发展。各地应根据具体情况,制订有针对性的考核指标和统计制度,制订引导施工企业实施绿色施工的激励政策,促进绿色施工的发展。

参考文献

[1]住房和城乡建设部工程质量安全监督司.建设工程安全生产法律法规[M].北京:中国建筑工业出版社,2008.

[2]住房和城乡建设部工程质量安全监督司.建设工程安全生产管理[M].北京:中国建筑工业出版社,2008.

[3]住房和城乡建设部工程质量安全监督司.建设工程安全生产技术[M].北京:中国建筑工业出版社,2008.

[4]高向阳.建筑施工安全管理与技术[M].北京:化学工业出版社,2012.

[5]钟汉华.建筑工程安全管理[M].北京:中国电力出版社,2010.

[6]王晟.建筑施工工地安全检查及临时用电[M].北京:中国电力出版社,2010.

[7]武凤银,崔政斌.建筑施工安全技术[M].2版.北京:化学工业出版社,2009.

[8]李宇燕.建筑施工企业管理人员安全生产必备常识[M].北京:中国建材工业出版社,2007.

[9]吕方泉.建筑施工安全管理便携手册[M].北京:中国计划出版社,2007.

[10]那建兴.建筑施工安全技术资料与交底编制[M].北京:中国铁道出版社,2009.

本书配有电子课件,供任课教师免费使用,索取方式:bolinwenhua@163.com。